在咸、淡、鲜、香中体悟美食的余味，
在酸、甜、苦、辣中品位文化的醇厚。

老北京的风味小吃和
历史渊源

品味舌尖上的老北京，领略古都风味文化

墨　非◎编著

中国华侨出版社

图书在版编目（CIP）数据

老北京的风味小吃和历史渊源 / 墨非编著. — 北京：
中国华侨出版社，2015.7

ISBN 978-7-5113-5573-7

Ⅰ．①老… Ⅱ．①墨… Ⅲ．①风味小吃—介绍—北京
市 Ⅳ．①TS972．142.1

中国版本图书馆 CIP 数据核字（2015）第 167624 号

● **老北京的风味小吃和历史渊源**

编　　著 / 墨　非

责任编辑 / 文　蕾

责任校对 / 孙　丽

装帧设计 / 环球互动

经　　销 / 新华书店

开　　本 / 710 毫米×1000 毫米 1/16　印张 /17.5　字数 212 千字

印　　刷 / 北京柯蓝博泰印务有限公司

版　　次 / 2015 年 9 月第 1 版　2015 年 9 月第 1 次印刷

书　　号 / ISBN 978-7-5113-5573-7

定　　价 / 32.80 元

中国华侨出版社　北京市朝阳区静安里 26 号通成达大厦 3 层　邮编：100028

法律顾问：陈鹰律师事务所　　　编辑部：（010）64443056　　64443979

发行部：（010）64443051　　　传　真：（010）64439708

网　址：www.oveaschin.com　　E-mail：oveaschin@sina.com

前　言

　　北京是一座历史文化名城，自元代起，在漫长的历史时期都扮演着全国的政治、经济和文化中心的角色，千百年来缔造了光辉灿烂的文明和令世界瞩目的文化，其饮食特色尤其是小吃文化特色更能突出这座古城的物质文化特点和社会风貌。小吃多是就地取材，是一个地区必不可少的重要标识，老北京的小吃是京都人文风景最靓丽的一张明信片，其代表性绝不逊色于故宫、颐和园等名胜古迹。

　　在四九城里流连，你可以和无数的北京小吃擦肩而过，但真正地道的京味儿却是极难觅得。什么是京味儿呢？那是一种浓而不腻，粗而不糙，讲究却不刻薄，爽快却不鲁莽的味道。京味儿总是裹挟着鲜明的色彩，在温度上绝不会让你觉得温吞，它能让你在入口的一瞬间感到一丝滚烫或一线清凉；在口感上注重味觉刺激，甜、咸、酸、辣、香、鲜，味道醇厚，即便是清淡的吃食也余味悠长，如清雅温婉的名曲一样令人回味不尽；在质感上追求极致的细腻，要么酥脆利口，要么绵软嫩滑，不艮不柴，给人以不可名状的奢享之感；在色泽上讲究色彩斑斓的视觉美感，比如洁白如雪的艾窝窝、红彤彤的冰糖葫芦、黄澄澄的三不粘、紫褐晶亮的酸梅汤……在造型上追求美观，各色小吃千姿百态，形状各异，美不胜收，有些小吃精细如同手工艺品，让人不忍下口。

北京小吃不仅讲求色、香、味、形，更注重文化内涵和传统人文精神的传达，历史、文化、习俗是人类文明的产物，特色小吃犹如一个万花筒或多棱镜，不经意间便折射出一座城的世情百态，反映出当地人的精神需求和美好向往。北京小吃的背后有道不尽的逸闻趣事和说不完的前尘往事，帝王的微服私访、皇室成员的一点偏爱和贪恋、文人墨客的慷慨题词、民间手艺人的创业传奇、人们偶发的灵感乍现……构成了一则则引人入胜的传说故事，让食客们在品尝一道道风味小吃的同时，拨开历史的迷雾，自由地穿梭古今，深刻地感受北京印象和京味文化。那种特别的意境与坐在北京幽深的老四合院中，谛听耳畔的京腔京韵有些许类似，它是一种对纯粹生活方式的寻求，也是对传统文化的弘扬和解构，无论这座城被现代商业改变多少，总有些最精髓最本质的东西会遗留下来，供我们发掘、珍视和传承，这也是老北京的魅力之所在。

本书详细介绍了老北京粘货、烙烤、蒸煮、肉食、流食五大类经典小吃的基本常识，包括小吃的色、形、味、制作方式、吃法，以及小吃的起源、人文底蕴和流传在民间的历史故事，内容丰富多彩，富有趣味性和可读性，让您在享用美食的同时，充分了解有关它的历史渊源和趣闻掌故，既陶冶性情又增长知识，希望它能够陪您度过一段闲适美好的时光，成为您了解北京古都和老北京风味小吃的一本有价值的读物。

目　录

Part4　谁家面食天下工——蒸煮篇

Part5 粗料细作方为肴——肉食篇

Part6 郁郁京味百转回——流食篇

舌尖上的老北京——文化篇

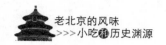
第一章
老北京小吃文化特色

舌尖记忆

◎一方水土养一方人，一方文化孕育出一方的美食风情。老北京是一座独特的城市，它既古老又现代，既自成风格又兼容并包，老北京的小吃文化独具特色，却又是不同地域、不同民族、不同历史时代饮食文化的荟萃和集合，它最大的魅力不仅在于凝聚了皇城文化的沉淀，而且在于对八方优秀饮食文化的吸收和升华。

◎老北京小吃讲究很多，每一款经典小吃都透着浓浓的京味，它的纯粹劲儿不亚于京腔和京韵，不少小吃令人拍案叫绝。京味文化是对生活的一种毫不妥协的追求，无论身处何种境地，老北京人对生活的热爱、对生活品质的追求始终如一，这种精神追求点点滴滴渗透到了老北京小吃文化当中，赋予它以丰富的生活气息和细致的情感展现。

◎品味北京小吃，既要品出它最地道最纯正的特色，又要品出它的包容精神，北京小吃不但是历史的活化石，而且是数代北京人的生活纪录片，更是北京精神乃至中国精神的传承和再现。

1. 魅力北京，风味古都

北京小吃历史悠久，源远流长，品类多样，食材丰富，做工讲究，在中华名吃美食中占据重要地位，享有良好的口碑。由于北京小吃大多在庙会和沿街集市上叫卖，购买吃食的人们会在无意中碰上，所以老北京人亲昵而又形象地谓之为"碰头食"。

北京小吃约有二三百种，融会了汉、回、蒙、满等多个民族的特色小吃，保留了缤纷多样的地方风味，还将明清两代精致的宫廷小吃纳入体系，使皇家尊享的极品美味流传民间。北京小吃与都市居民的日常饮食息息相关，老北京人佐餐的下酒小菜必少不了白水羊头、爆肚、白魁烧羊头、芥末墩子，寻常宴席上常摆放着小窝头、肉末烧饼、羊眼儿包子、五福寿桃、麻茸包等，至于艾窝窝和驴打滚等小食品既可以当作零食，又可以当成早点和夜宵。最地道最正宗的北京小吃，当属京城赫赫有名的老字号了：想吃原汁原味的奶油炸糕就去东来顺饭庄，喜欢炸灌肠的朋友可以到合义斋饭馆光顾一下，如果对烤馒头情有独钟，同和居是首选地，爱吃肉末烧饼的食客千万不要错过仿膳饭庄，此外在北京的小吃店和夜市的饮食摊上也能买到各色风味小吃。

北京小吃品种繁多，令人目不暇接，清代的《都门竹枝词》就有关于各种小吃的记述，"日斜戏散归何处，宴乐居同六和局。三大钱儿买甜花，切糕鬼腿闹喳喳，清晨一碗甜浆粥，才吃茶汤又面茶；凉果糕炸糖耳朵，吊炉烧饼艾窝窝，叉子火烧刚卖得，又听硬面叫饽饽；烧麦馄饨列满盘，新添挂粉好汤圆，爆肚油肝香灌肠，木须黄菜片儿汤。"说的就是这些风味小吃风靡京城的盛况。

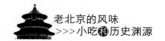
北京小吃不仅满足了人们的口腹之欲，还让食客们在唇齿噙香的时候，品出了古都京城的独特文化及深厚的人文底蕴。每一道小吃都有自己的故事，它们深植于特定历史时代的背景下，其制作方法和食用方式都十分讲究，是文化哲理和审美情趣的艺术表达，反映了老北京特有的人文精神，它既是北京历史的一部分，又是京味儿文化浓缩的精华，还是老北京人生活中必不可少的重要组成部分，北京小吃不但口感极佳，而且在视觉上带给人美的享受，让人既饱了口福又大饱眼福。

在中国诸多的历史文化名城之中，北京并非一直是遥遥领先的，就发展时间而言，它算是较为滞后的。确切地说，北京是在元朝建都以后发展起来的，后来随着明成祖永乐帝迁都，北京才正式登上北方文化重镇的历史舞台。以前，长安、洛阳、开封、扬州、南京繁华一时，人杰地灵、商业兴盛，北京还只是个边陲重镇，被称作蓟县、幽州、涿郡……元朝在此定都后，北方游牧民族的文化和习俗流入京都，在筵席上形成了别具一格的饮食文化。今天正宗的北京菜系，沿承了蒙古族和回族的饮食特点，汉族人和满族人不断对其加以丰富和完善后，形成了既粗犷豪放又细腻讲究的自然风味，并很好地继承了游牧民族饮食文化的传统。北京名菜"涮羊肉""爆肚"就是源于古代游牧民族的骑兵以作战的头盔煮水，烫熟生肉，佐调料而食用的方式。

虽然北京发展比其他古都要晚，但历经元、明、清三代，它已然成为风光无限的千年帝都，作为中国的政治、经济和文化中心，北京汇集了各地文人墨客和各方名人俊杰，北京的饮食业也随着大江南北文化的融合而相容相生，而北京的传统小吃，也伴着不同文化的碰撞而演变升华，形成粗犷自然但又不失章法的烹调饮食文化。

明成祖的迁都，使北京饮食文化迎来了第一次巨变。早在迁都之前，政府就已经把大量的农民、工匠和商人迁往京城附近。这次移民大迁徙，使南方的烹调文化流入了北京。清朝定都北京城，再次提升了北京饮食文化的层次，多种考究的宫廷点心逐渐流传至民间，使得清朝宫廷菜融入北方饮食品类，如奶酪、萨其马等糕点成为了老北京街头巷弄的特色小吃，滋润和丰富着老北京人的饮食文化生活。

北京菜品中驰名的大菜少之又少，却有不少口味独特、让人垂涎欲滴的风味小吃，比如豆汁儿、卤煮、爆肚、褡裢火烧、烧羊肉、茶汤、门丁肉饼、驴打滚、豌豆黄、炒肝儿、炒红果、芸豆糕、麻豆腐……这些小吃烹调方式看起来较为简单，似乎家家都能制作，但实际上却大有讲究，不是谁家都能做出那个正宗味道的。假如说南方的精细美食像是笔触细腻温婉的工笔画，那么北京的小吃就是挥洒写意的山水画，浓淡相宜，有层次有章法，特别是那锦上添花的一点烘托和点缀，更是别具匠心。

北京的小吃于驳杂中见讲究，于粗犷中现精细，浩浩皇城、千年古都，汇聚八方来客，各种特色饮食兼收并蓄，即便食材粗犷，在烹调上也坚持精工细作，因此北京饮食具有收放自如、雍容尔雅的特点，并形成了独树一帜的风格。虽然不是每个人都喜欢北京风味小吃，然而对于懂它的人来说，只需吃上一次就会上瘾。北京老字号的小吃口感醇正，师傅的手艺令人拍案叫绝，而蕴含在菜品里的文化厚味和哲理智慧则一点一点地沁入心灵深处，给人以无限的回味和惊喜。

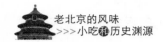
2．京华小吃的各色讲究

北京小吃博采众长，南北佳肴荟萃，各族风味竞相辉映，如今食谱菜系变得更为多样化，如傣族的风情美食，新疆的特色烤全羊、手抓肉、烤羊肉串，藏族的高原食品，朝鲜族的烧烤食品等，都已成为北京街头小吃的组成部分，促成北京饮食文化的全方位发展。

北京小吃是北京历史画卷中最为色彩斑斓的一页，它们是我国民族大团结的象征，民族之间的饮食文化交流促进了北京街头风味小吃的进步与发展，这也是北京民族小吃延续和发展的内在动力。北京作家肖复兴说北京小吃"大多是旗人之滥觞"，经考证，确实有许多美味小吃是从清代宫廷的御膳房里流传到民间的，所以北京的很多小吃蕴含着浓郁的宫廷文化。而有些小吃，源起民间，后传入皇家，成为宫廷小吃，之后又从皇宫传向民间。北京小吃跨民族、跨地域、跨阶层的流传过程非常独特，这使得它既雅致又世俗，既考究又不乏平民范儿，而且体现出了浓浓的京味儿特色。

老北京人的风俗习惯和风土人情几乎都与北京小吃密切相关，从而为北京饮食文化注入了鲜明的地域色彩。中国传统节日较多，过什么节日吃什么食物都有约定俗成的规定，老北京也是如此。例如大年初一那天家家户户都要吃"扁食"，所谓的"扁食"指的就是饺子。立春要吃夹菜的双合油饼，卷好后从头吃到尾，寓意有头有尾。用绿色蔬菜卷入春饼，有留住大好春光之意，故吃春饼也叫"咬春"。

正月吃年糕，有"年年高"的美好寓意，象征着吉祥如意，明代刘若愚的《明宫史》记载说："二月初二，各官门撤出所安彩妆，各家采用黍面枣糕，以油煎之，或以面和稀，摊为煎饼，名曰'薰虫'。三月二十八日东岳庙进香，吃烧笋鹅，吃凉糕，糯米面蒸熟加糖碎芝麻，即糍粑也。"明代史玄的《旧京遗事》有端午节和重阳节吃食的记述："京朝官端午赐食粽，重阳赐食糕。"

清同治三年（1864），甲子伴花斋刻录的《都门杂咏》记载了王嘉诚所写的一首描摹月饼和花糕的词，其词文曰："红白翻毛制造精，中秋送礼遍都城。""中秋才过近重阳，又见花糕各处忙。面夹双层多枣栗，当筵题句傲刘郎。"还有史书详细记载了喝腊八粥的习俗以及这种粥品的食材和制作方法，其文曰："腊月初八前，捶红枣破皮泡汤，至初八加粳米、核桃仁、栗子、菱米煮粥为'腊八粥'。"

上述史料为我们描绘了北京在各个节日都吃什么小吃的情景，符合孔子提倡的"不时不食"的饮食礼仪，吃东西要讲究时令和季节，什么时候吃什么都是有规范的，这种规范在一日之中也有体现，人们在早、中、晚所食用的食品也是各不相同的，对此张江载的《燕京民间食货史料》中有明确记载："每晨各大街小巷所叫卖之杏仁茶、豆腐浆、茶汤、切糕、豆腐脑，下午所叫卖之豆渣儿糕、蒸芸豆、豆汁粥、老豆腐，夜间叫卖之硬面饽饽、茶鸡子、炒豆腐之类，其制法新奇，亦惟此土所独有耳。"

北京小吃在食用方式上也是颇有讲究的。比如每逢秋季，老北京人都会吃涮羊肉和炙子烤牛肉等肉食来"贴秋膘"。烤牛肉的烹制方法很独特，食用方式也很特别。把牛肉放在铁炙子炙烤，下面架上松柴，随烤随吃，啖肉时单脚站立，另一只脚搁在长凳上，体现出北方人豪迈和彪悍的特点。《都门杂咏》说："严冬烤肉味堪饕，大酒缸前围一遭。火炙最宜牛嗜嫩，雪天争得醉烧刀。"烧刀指的是一种酒。我国著名民间文艺家和民俗学者金受申先生说，大酒缸之前卖过碗酒，专用

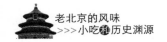

黑色马蹄碗盛酒，颇有几分古韵和诗情。把吃烤肉的场景描写得最为绘声绘色的史料当属《故都食物百咏》，其文如下："浓烟熏得涕潸潸，柴火光中照醉颜。盘满生膻凭一炙，如斯嗜尚近夷蛮。"形容得已是生动到极致，无须再做任何赘述了。

老北京小吃的叫卖文化也是极其富有当地特色的。售卖小吃的人经常走街串巷地高声吆喝着叫卖，韵腔优美，余音绵长。连寒冬的深夜也能听到售卖硬面饽饽的叫卖声，那声音真是"余音嘹亮透灯窗，居然硬面传清夜，惊破鸳鸯梦一双。"北京的包子铺众多，卖包子的师傅刚揭开笼盖就开始起劲儿地吆喝起来："刚出锅——热的吃——"，透过袅袅的热气，把这股热情传递给过往的行人，以此招揽客人，有人特为此写了一首小诗："包儿种类最繁多，新屉声声现出锅。荤素甜咸别回汉，尝来几个味如何？"

北京小吃的叫卖声富有美感和生活气息，可以引发人们怀旧情绪和对故乡的思念，让人们深深地爱上北京这座城。而今随着时代的演进和销售模式的变化，沿街的叫卖声已经不多见了，它似乎已然消失在商业文明的罅隙里了。

北京小吃制作技法独到，选材和制作工艺都是精益求精。比如大众小吃芝麻烧饼，松脆可口，咬一下满口生香，它的制作要求就很多，面和麻酱的比例必须恰到好处才行，麻酱放多了做出的烧饼就会有苦味，麻酱放少了烧饼吃起来就会没有香味；面坯要薄厚适中，酵面要依据时节发酵到最适宜的程度。合格的烧饼品相和口感都要好，它们不仅外观整齐，色泽金黄，而且吃起来香脆爽口，用刀切开饼里得有二十多层。所以，经验不足或技术不精是做不好这道小吃的，制作烧饼是一个长期摸索的实践过程，也是一个烹调文化积累的过程。

再比如北京的白水羊头，羊头皆选自两到三岁羊龄的山羊头，宰杀洗净后，要将羊的舌头伸出来，用刷子细细刷过，再根据羊肉的老嫩程度下锅。作料是用丁香、花椒、大盐等炒黄碾碎后制成的。出售时以一柄大弯刀削肉，每片肉都连着皮。羊头肉口感极好，是一道有口皆碑的街头小吃，《燕京小食品杂咏》中就歌咏过它的口味和制作技法："十月燕京冷朔风，羊头上市味无穷。盐花洒得如雪飞，薄薄切成与纸同。"真要把羊肉切得薄如纸片非得有一番超凡的技艺不可。

此外致美斋的馄饨、福兴居的鸡面和小有余芳的蟹肉烧麦也是京味小吃当中的精品，清代杨静亭的《都门杂咏》对这些美食多有记述，以"咽后方知滋味长"来形容馄饨的美味，以"面白如银细若丝，煮来鸡汁味偏滋"来形容鸡面的形态和风味，以"玉盘擎出堆如雪，皮薄还应蟹透红"来形容烧麦的品相，这些色、香、味、形俱佳，营养价值极高的小吃不仅是烹制技艺的表现，也是中华民族数千年饮食文化的结晶。北京小吃经济实惠，雅俗共赏，极具民族特色，伴随着老北京人和旅居在京城的游子或长期客居京都的外乡人度过了许多美好的时光，让人们在品味美食的同时，也在品味浓浓的老北京文化。

3. 京味浓郁的老北京小吃十三绝

北京作为一代文化名城和魅力古都，其小吃吸收了各地和各族的饮食精华，形成了蒸、煮、煎、炸、烤、烙、爆、冲等多种烹饪技艺，融汇了不同民族、不同疆域的食艺和食俗，造就了满目琳琅、千姿百

态的醉人品相，其中尤以京城小吃十三绝著称于世，所谓的十三绝是指驴打滚、艾窝窝、糖卷果、姜丝排叉、糖耳朵、面茶、馓子麻花、萨其马、焦圈、糖火烧、豌豆黄、豆馅烧饼，奶油炸糕等，十三种风味小吃各有特色，各领风骚，成为老北京小吃中的一抹亮色。下面就让我们了解一下这十三道美食吧。

驴打滚也称豆面糕，是一种较为古老的北京小吃，以黄米面和赤豆沙为食材，制成后均匀地切成100克左右的小块，撒上一层白糖即可食用，入口甜香绵软，有黏稠感，还透着一股诱人的豆香味。在庙会上有许多回民推车售卖，吆喝着"滚糖的驴打滚啦！""豆面糕来，要糖钱！"车上的铜活擦得锃亮，以此引人注意，招揽生意。

艾窝窝是一种特色清真风味小吃，大多以糯米为原料，呈雪白的球形，口感黏软，味道香甜，北京人爱吃，外地人也喜欢，老北京小吃店一年四季供不应求。艾窝窝其味爽口，回味绵长，深受广大食客喜爱，它取材广泛，制作方法多样，可适应各地人的口味，历久畅销不衰。

糖卷果是京城回族风味小吃中的名品，它的主要食材是山药和大枣，辅料包括青梅、桃仁、瓜仁等，其营养价值很高，又具有滋补之功效，既是美食，又是药膳。糖卷果色泽鲜亮，外焦里嫩，又甜又香，令人食欲大开。南来顺饭庄烹制的糖卷果尤为出名，曾于1997年被评为"北京名小吃"和"中华名小吃"。

姜丝排叉，从名字便可知道，食材中必有鲜姜，故食用时会尝到浓浓的鲜姜味。经油炸和过蜜后的姜丝排叉，呈淡黄色，以酥脆、甜香为基本特点，那股辛辣的姜味则是这味小吃的主要特色。有一种不过蜜的咸味姜丝排叉，是常用的下酒小菜。

糖耳朵又叫蜜麻花，因形状酷似人耳而得名，其色泽为棕黄色，裹着一层糖油浸润的光泽，质地甜润松软，非常可口。

面茶并不是茶汤，而是用黍子面或小米面制成的粥，表面淋有芝麻酱，芝麻酱的淋法和面茶的饮用方式都极其讲究。浇芝麻酱的时候，需把它拉成丝状转圈淋在面茶上。老北京人喝面茶不借助任何餐具，一手持碗，把嘴隆起，挨着碗边转圈喝，免得被面茶烫伤。这种喝法是老北京所独有的，北京人讲求的就是这种感觉和味道。

馓子麻花为一道著名的老北京回族风味小吃，是以矾、碱、红糖、糖桂花和面粉为原料经多道工序拧成的麻花状油炸食品，色泽棕黄，酥脆甜香，口感极佳，非常受欢迎。

萨其马是满族的一种食物，本意是"狗奶子蘸糖"，在清代曾一度作为关外三陵祭祀的祭品，其色泽米黄，具有香甜绵软、质地酥松的特点，那股浓郁的桂花蜂蜜香是本品的一大特色。

焦圈为京城汉族小吃的传统名点，其色泽深黄，状若手镯，口感酥脆，焦香诱人，是男女老少都喜爱的食品。老北京人吃焦圈的时候，喜欢辅以豆汁儿，焦圈和豆汁儿是老北京人早点当中的绝妙搭配，一碗豆汁儿就着焦圈吃，别提味道有多美了。

糖火烧是北京人经常食用的早点，起源于河北省，后来流传至北京，迄今已有300多年历史了。其特点是味道醇厚，外皮酥脆，内瓤绵软，且层次清晰不黏人，吃起来很筋道，非常适合老年人食用。

豌豆黄是北京人春夏季节食用的时令小吃，属于宫廷名吃。清宫御膳房选用上等的白豌豆制作豌豆黄，成品为浅黄色，口感细腻，味道香醇清甜，入口即化，相传慈禧非常喜欢吃这道小吃。民间的糙豌豆黄为春令食品，春季庙会上常有商贩售卖小枣糙豌豆黄，那一声"嗳这小枣儿豌豆黄儿，大块的来！"仿佛是给人报春一般，有一种融融的暖意。

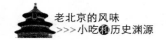
豆馅烧饼又称蛤蟆吐蜜，以豆沙为馅，在烤制过程中，烧饼边上留有开口，豆馅从里面自然吐出来，挂于烧饼边缘处，故人们形象地称其为蛤蟆吐蜜。这种小吃要趁热吃，外皮酥香可口，豆沙馅甜糯袭人，尤其是挂在烧饼边上被烤焦的豆沙，香味更加浓郁，令人垂涎。

奶油炸糕是北京小吃当中最富营养的小吃品种之一，它原是蒙族人的糕点，后传入北京，其特点是外皮焦酥，内里松嫩，香气馥郁，甜美润口，吃上一盘儿，倍儿过瘾！

第二章

老北京小吃文化意韵

◎一般而言，老北京小吃文化分为宫廷饮食文化、士大夫饮食文化和平民饮食文化。北京是六朝古都，与帝王贵胄渊源极深，宫廷餐桌上除了数不尽的珍馐美馔，也少不了精雅小吃的巧妙点缀。小吃之于皇家自然不是果腹之物，而是一种极致的奢享，所以宫廷小吃不仅花样繁多，而且味美、色香、型佳，把小吃文化推向了登峰造极的境界。

◎士大夫的饮食虽比不上皇家考究，但是文人生性爱风雅，士大夫品尝小吃，品的是诗意、是文化，文人讲究意境，就像妙玉收集梅花上的雪水沏茶，那是一种美的享受，士大夫的吃食裹挟着浪漫与柔情，也少不了诗情画意。

◎相比之下，平民就没有那么多讲究，草根文化和平民精神也是北京小吃文化的一部分，平民小吃多了几分随意和洒脱，粗犷之中透着细腻，在曲曲折折的狭长胡同和规规矩矩的四合院里，老北京人美美地吃上一碗炸酱面或是喝上一碗豆汁儿就已经心满意足了。

这三种饮食文化在漫长的历史演进中发生过自上而下和自下而上的流动，老百姓的糙食也摆上过帝王的餐桌，而宫廷的奢侈小吃也有

不少流入民间，士大夫的雅食也成为了大众化食品，老北京的小吃文化在交融碰撞中互通有无，绽放出瑰丽的色彩。

1. 皇室贵胄与北京小吃的情缘

中华美食文化博大精深，孙中山先生曾以中国饮食文化饮誉世界而倍感自豪，在《建国方略》中写道："我中国近代文明进化，事事皆落人之后，唯饮食一道之进步，至今尚为文明各国所不及。中国所发明之食物，固大盛于欧美；而中国烹调法之精良，又非欧美所可并驾……"可见自古以来华夏饮食在全球中就处于领先地位。而北京是一座历史悠久的古都，更是集中华名小吃之精华，它以海纳百川之势，将酸、甜、麻、辣、鲜、香等多种滋味演绎到了极致，小吃实则不"小"，即便玲珑秀气，也是内有乾坤，以"小"窥"大"，学问多多。

千百年来，不乏风雅的文人墨客写诗歌咏北京小吃，即便是一国之君、皇亲国戚、达官显贵也青睐北京小吃，近年来越来越多的外国游客纷纷争相品尝地道的北京名小吃。北京小吃沾了不少贵气，还具有扯不断的"皇家情缘"，宫廷小吃已成为都城美食业一景，而源起民间的草根小吃也堂而皇之地搬上过皇家的餐桌。

北京不少驰名的老字号和街头小吃都与皇家有过不解的情缘。比如名扬四海的京城老字号"都一处"乃是大清皇帝乾隆御赐的名，如今那里经营的"双绝""烧麦""炸三角"等小吃价格不菲，但由于沾过帝王的光，就变得物有所值，不但受到老北京人的垂青，还吸引不少外乡人光顾品尝。

再比如说炸糕这味小吃，据说曾是慈禧的贡品。制作这种炸糕的老师傅从十几岁时就开始学习小吃的手艺，技艺已经到了出神入化的境界。慈禧在过70岁大寿时，内务府在苏州街办起了别开生面的小吃"展"，各地名厨各施所长，做炸糕的老师傅以独特而精湛的手艺从众多大厨中脱颖而出，大太监李莲英遂将其所做的炸糕推荐给慈禧品尝，慈禧只吃了一口就喜欢上了这种小吃，此后老师傅每日都向宫中进献炸糕。相传慈禧除了喜欢吃炸糕，对"豆汁儿""豌豆黄""灌肠"等小吃也是钟爱有加。

末代皇帝溥仪常去鼓楼后面的小店喝豆汁儿、饮面茶，溥仪的叔叔载涛经常以"马蹄烧饼""粳米粥""油炸果子"当早点，午餐是薄脆、蜜麻花、扒糕等小吃，辅以面茶、豆汁儿等饮品，每日吃得津津有味。摄政王载沣的食谱上也有不少"焦圈""马蹄烧饼"等老北京小吃。

民间认为堂堂帝王、皇室家族子孙整天都在吃的名贵珍馐佳肴其实是一种误区，其实他们之中不少人吃腻了山珍海味，反而对老北京的各色小吃倍感亲切新鲜，而这些有幸与之结缘的小吃，为了满足尊贵食客的需求，在层次和品位上也得以全面提升，从而历经岁月变迁而流传不衰。

老北京小吃自古就与皇家结下了不解的情缘，这使得老北京小吃的历史价值和文化价值又变得厚重了一些，中国的饮食文化和传统食品是我国民族文化的重要组成部分，我们应该将其传承和发扬光大。在经济全球一体化、各国文化交流加剧，各种西方快餐充斥中国饮食市场的今天，我们尤其应该重视延承老北京小吃的饮食文化，这些上过皇家餐桌的名点和饮品，不仅是中国宫廷餐饮历史里举足轻重的一部分，更是中国文化之根的一部分，它们像京剧一样构成中国国粹的精髓内核，属于我国的非物质文化遗产，不断丰富着我国人民的精神

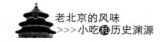
文化生活。

2. 市井烟火，舌染凡尘

北京小吃这种街头巷弄随处可见的"碰头食"，是北京饮食文化中最为浓墨重彩的一笔，它以其物美价廉、口味多样等特点，占有广阔的市场空间。经营小吃生意的人多为平民商贩，他们或在人潮汹涌的集市、庙会叫卖，或者推着推车沿着街巷高声吆喝叫卖。

小吃原是大众化食品，消费对象主要是平民百姓，自然融入了一部分草根文化。对于从业者来说它是养家糊口的依赖，而对于购买群体而言，它是寻常日子里的点点滴滴，钟爱老四合院、旧胡同的老北京人日常生活离不开北京的各色小吃，迷恋北京文化的外乡人也会恋上北京的风味小吃。老北京的小吃文化离不开北京大大小小的胡同，在那些幽深曲折的胡同街巷中，清一色灰瓦灰墙的四合院门前，商贩们此起彼伏、韵调悠扬的一声声吆喝，似歌谣一般引人入胜，勾起多少老北京人童年的记忆，又引起多少外乡人的羁旅乡愁。

正所谓"窄巷循声觅野香"，老北京的小吃就是在小巷深处才显得更有意境和世俗味，徜徉在长长窄窄的巷子里，真能觅到不少美食。如果打把伞于蒙蒙细雨中，一路踏着湿漉漉的青石板路，到商铺里买上几款小吃，边走边吃，真有几分说不出的诗情画意。

酷热的夏季，躲在四合院里浓美的树荫下，捧着一大碗炸酱面，再搭配上根顶花带刺的嫩黄瓜，那感觉别提有多惬意了。吃完了炸酱面，再喝上杯香茶，舒舒服服地小憩一会儿，最理想的闲适生活也莫过于此了。

下午喝上碗原汁原味的豆汁儿，随意搭配点面食和辣咸菜丝，当然最正宗的吃法是就着酥脆的焦圈吃，老北京人美好的下午时光就这样开始了。是否喜欢喝豆汁儿是判断一个人是不是地道的老北京人最直接有效的方式，外乡人不习惯豆汁儿的味道，喝完之后大抵都会摇头皱眉。

老北京人注重吃，见了面第一句话就是问："吃了吗您呐"，这种再平常不过的问候像风俗和礼节一样代代传承下来。老北京小吃自然而然地进入了他们的生活。北京城林林总总的小吃店，热闹非凡的小吃街，充分体现出老北京人对小吃的依恋和喜爱。许多人为了能吃上一口正宗的老北京小吃，不惜在老字号门前排长队等待，即便是等上大半天也不骄不躁。人们费尽心思研究出那么多可口的美味，当然不会只是为了刺激味蕾，从某种意义上讲，北京小吃的世代传承也是饮食文化命脉的传承，中华民族光辉灿烂的饮食文明在老北京人那里演变成了各种诱人心魄的小吃，体现出了老北京人对精神品位的一种追求。

每一味小吃都有一个形象的名字，小吃的背后流传着各种传说故事，它们或有趣或传奇或忧伤，富有生活气息和浪漫色彩，这一个个关于小吃的趣闻传说和一个个或雅致或俗气的小吃命名，很好地证明了老北京人丰富的想象力和良好的创造力，也是他们对未来的美好憧憬，他们以这种方式表达着对生活的感悟和热爱。北京小吃的那些妙趣横生的名字，自然为其蒙上了神秘的色彩，人们一边品着小吃，一边联想着有关小吃的各种故事，实属人生的一大乐事。

千百年来，北京小吃伴随世代北京人成长，成为这个城市必不可少的一个元素。它以其经济、味美、雅俗共赏的优点，筑起京城百姓与这座城文化沟通的桥梁，构成古城市井文化的一页页流光溢彩的美

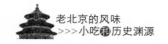
丽画页。

北京小吃中蕴含的民间智慧和市井文化，三言两语是说不清道不尽的。市井的热闹畅快、粗犷与温情，于一片喧嚣声中现出别样的烟火气息，行走在街头小巷的饮食男女，随意地咀嚼着刚刚买来的小吃食品，那种大快朵颐的率性与洒脱，虽不优雅，但却打动人心，这也许就是这座城质朴和真实的一面吧。

原生态的小吃文化是老北京古朴民俗民风的代表，它们历经时光的磨砺，留下了许多文化精髓，闪现着古都人民的精神风貌和生存哲学，品评老北京小吃，就像欣赏张择端的《清明上河图》一样，需置身于这座繁华的闹市，静心坐下来细细品味，在笑看云卷云舒、花谢花开的过程中，真正寻得几分静谧和悠闲，感受到了这种享受和福祉，回转身才会猛然发现世俗的况味原来也可以这样令人折服。

3. 文化守望：风味饮食里的士大夫情怀

说起北京文化，人们马上会联想到老北京的胡同和四合院，以及酸酸甜甜的冰糖葫芦和人流如潮的庙会等，其实这只是北京文化的一个层面，我们可以将它称之为市井文化或平民文化，这种诠释过于片面和单一，北京作为皇城帝都，自然蒙上了宫廷文化的色彩。"宫廷文化"和"市井文化"之间有着频繁的交流和碰撞。很多民间小吃被宫廷选中后演变成了宫廷小吃，也有不少宫廷小吃流传到了民间，真有一种"旧时谢家堂前燕，飞入寻常百姓家"的感觉。北京小吃文化中最容易被忽略的是士大夫文化。以前人们对士大夫抱有偏见，认为他们是酸腐、颓废和小资的代表，曹禺在话剧《北京人》中就刻画了江泰这么个落魄的文人。其中第二幕有这么出戏。

江泰：（立起，仍舍不得就走）譬如我吧——

陈奶妈：别老"譬如我""譬如我"地说个没完了。袁先生都快嫌你唠叨了。

江泰：嗯，袁博士，你不介意我再发挥几句吧。

袁任敢：（微笑）哦，当然不，请"发挥"！

江泰：所以譬如——（彩又走来拉他回屋，他对彩几乎是恳求地）文彩，你让我说，你让我说说吧！（对袁）譬如我吧，我好吃，我懂得吃，我可以引你到各种顶好的地方去吃。（颇为自负，一串珠子似的讲下去）正阳楼的涮羊肉，便宜坊的挂炉鸭，同和居的烤馒头，东兴楼的乌鱼蛋，致美斋的烩鸭条。小地方哪，像灶温的烂肉面，穆柯寨的炒疙瘩，金家楼的汤爆肚，都一处的炸三角，以至于——

曾文彩：走吧！

江泰：以至于月盛斋的酱羊肉，六必居的酱菜，王致和的臭豆腐，信远斋的酸梅汤，二妙堂的合碗酪，恩德元的包子，砂锅居的白肉，杏花春的花雕，这些个地方没有一个掌柜的我不熟，没有一个掌灶的、跑堂的、站柜台的我不知道……

一事无成的江泰在饮食领域里可谓是个行家，能一口气说出十几种北京名小吃，也难怪他不务正业，仍然可以夸夸其谈。而事实上士大夫文化也并非是迂腐颓靡的象征，事实上它从更深层次上体现出了北京饮食文化的深奥精微和无限雅趣。

古语云"民以食为天"，可见吃对于广大国人来说是头等大事，然而吃并不是充饥那么简单，早在两千多年前孔子就提出了"食不厌精，脍不厌细"的饮食追求。北京小吃讲究食、味、器、境，这和士大夫文化不谋而合，这四大要求分别是美食原料要齐全，口感和味道要良

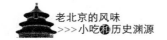

好，盛装食品的器皿要精美雅致，环境还要优雅符合菜品的意趣，契合天人合一的意境。比如京城有名的烤羊肉，需用定制的烤肉架子炙烤，还必须用松塔敷在炭火上，为的是求得那份浓郁的松香，器皿以煮"核桃酪"的小薄铫、盛核桃酪的小莲子碗和不足半尺高的煨"坛子肉"的瓦钵为宜。士大夫把寻常人眼中的"品食"升华到"雅食"，即一边品尝风味小吃，一边品读历史和文化。王国维之子王东明在《王国维家事》中提到过这位文化名人的饮食喜好以及他所钟爱的小吃食品。

父亲喜爱甜食，在他与母亲的卧室中，放了一个朱红的大柜子，下面橱肚放棉被及衣物，上面两层是专放零食的。一开橱门，真是琳琅满目，有如小型糖果店。

每个月母亲必须进城去采购零食，连带办些日用品及南北什货。回到家来，大包小包的满满一洋车。我们听到洋车铃声，就蜂拥而出，抢着帮提东西，最重要的一刻是等待母亲坐定后，打开包包的那一瞬，这个吃一点，那个尝一尝，蜜枣、胶切糖、小桃片、云片糕、酥糖等等，大部是苏式茶食，只有一种茯苓饼，是北平特有的，外面两片松脆薄片，成四寸直径的圆形，大概是用糯米粉做的，里面夹着用糖饀混在一起的核桃、松子、红枣等多种小丁丁，大家都喜爱吃，可是母亲总是买得很少，因为外皮容易返潮，一不松脆，就不好吃了；一些细致的是为父亲买的。其他如花生糖、蜜供等，是我们大家吃的，酥糖是六弟吃的，虽然说各有其份，放在一起，常常会分尝一点。六弟享些特权，大家都认为理所当然，因为他到五岁尚不能行，也不会讲话，后来忽然站起来走了，而且也会讲话了，大家都对他特别关心与爱护，父母亲对这个小儿子，也最钟爱，尤其是钱妈，把他看做自己的儿子一样，事事都卫护他，所幸他并没有恃宠而骄，从小到大都是最乖的。

父亲每天午饭后，抽支烟，喝杯茶，闲坐片刻，算是休息了。一点来钟，就到前院书房开始工作，到了三四点钟，有时会回到卧房，自行开柜，找些零食。我们这一辈，大致都承袭了父亲的习惯——爱吃零食。

王国维在《人间词话》中曾以"昨夜西风凋碧树。独上高楼，望尽天涯路"，"衣带渐宽终不悔，为伊消得人憔悴""众里寻他千百度，蓦然回首，那人却在，灯火阑珊处"来比喻治学的三重境界，不知他在追求饮食文化上是否也经历了这三重境界。从《王国维家事》中可知他喜爱一些较为精细的小吃零食，其中北平特有的茯苓饼，一家人都喜欢吃。王国维写作的时候也会时不时取些吃食。

品小吃自然不单纯是物质享受，更多的是一种精神层次的追求。北京小吃中的士大夫文化自然有一种阳春白雪的味道，反映出人们的本色和性情、内涵和素养，也体现出生活的真实艺术和浓郁的人文精神。用王国维提出的"悬思—苦索—顿悟"的三重境界，来诠释诱人的北京小吃想必是极为有趣的，首先第一重境界是思索，"独上高楼，望尽天涯路"，是说要完全领略北京小吃文化中的深厚韵味，需要站在历史和文化的高处远望人类饮食文化发展的脉络，以此了解它的概貌。到了第二重境界，就进入了苦思阶段，甚至到了"衣带渐宽终不悔，为伊消得人憔悴"的程度，是说要完全吃透北京文化，深入品出各色风味小吃的意蕴，并不是任凭谁都能轻易做到的，探求古都饮食文化的渊源需孜孜以求，知晓很多古今掌故，历经一番求索后就算消瘦了也不后悔。第三重境界即是终极境界了，那句"众里寻他千百度，蓦然回首，那人却在，灯火阑珊处"说的是食客们经历反复探寻后，内心豁然开朗，终于从一道道小吃中品出了历史沉淀的文化味和浓浓

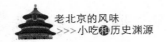
的京味儿。

北京城里丰富多样的小吃俨然就是一幅幅京腔京味十足的饮食风俗画，里面所蕴含的文化情趣和历史典故是颇为值得玩味的，小吃虽是日常之食，但却丝毫不缺乏艺术韵味，更蕴藏着清新儒雅的文化精神。

Part2

一口软糯品清欢——粘货篇

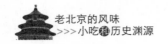
第三章
艾 窝 窝

舌尖记忆

◎它的颜色雪白雪白的，像雪球一样，形状圆圆的，好像一个乒乓球，我拿起一个，上面的粉渣掉到了我手上，我轻轻地吹去，手上还留着一层淡淡的白色，我一闻，有一股淡淡的香味混合着花生酱的气味，我咬

下去第一口，感觉到一股糯米香，第二口下去，一股山楂和芝麻的味道充满了嘴里，第三口下去的时候，就有一种黏黏的感觉。

◎艾窝窝这个词本身就充满了童趣。小时候，我喜欢那圆嘟嘟的外形，每次遇到一定会吃，用小手捧着，感觉一个艾窝窝都能占满手心的样子。还喜欢冰凉凉的口感和似黏非黏的外皮。我眼中的艾窝窝，要说正宗，那必须不是豆沙馅的。其实馅料可依自己喜好，但艾窝窝如果换了豆沙馅，就失去了第一口冰凉后凉丝丝的利落口感。豆沙吃在嘴里应该是温暖的，但艾窝窝显然是冰雪洁白的，内馅也应该更冰冷一些才对味。

1. 昔年"不落夹"，今朝"爱窝窝"

在《燕都小食品杂咏》中有这样一段批语："白粉江米入蒸锅，什锦馅儿粉面挫。浑似汤圆不待煮，其物唤作爱窝窝。"还注说："爱窝窝，以蒸透极烂之江米，待冷裹以各式之馅，用面粉团成圆形，大小不一，视价而异，可以冷食。"

文中的"爱窝窝"就是现在的艾窝窝。那最初"爱窝窝"这个称谓是如何形成的呢？清人李光庭在《乡谚解颐》一书中作出了这样的解释。曾有一位皇帝偏好这种窝窝，有想吃的念头时就吩咐下去："御爱窝窝。"当这种食品流入民间时，一般百姓是要避讳这个"御"字的，所以干脆省了"御"字直接称"爱窝窝"。

艾窝窝是极有特色的老北京小吃，以糯米为原料。其特点是色泽白如霜雪，质地黏软柔韧，馅心松散甜香。这款小吃不仅受老北京人的喜欢，很多上京的外地人也常常慕名品尝。每年除夕前后，艾窝窝就逐渐出现在小吃铺中，一直卖到夏末秋初，所以它从整体上看属春秋时节的小吃。

这种雪白的团子状甜味小吃，制作方法相对简单。现在多数的做法是以糯米饭搓入蒸过的熟面粉晾凉后，按扁为皮；包裹白糖、芝麻、核桃仁、瓜子仁、青梅、山楂糕等混合成的馅，当然馅料可以凭个人喜好增减，没有硬性准则。艾窝窝的主要原料为糯米，是温补益气的食品，有健脾养胃的功效。但由于糯米柔黏，极难消化，所以脾胃虚弱者不宜多食。

与艾窝窝相关的文字记载最早可见于明清的笔记。而在这些历史

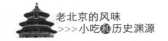
材料里，艾窝窝还没有被称为"艾窝窝"，它有另一个称谓——不落夹。"不落夹"这个词是蒙语，是明代大内浴佛日时用于供奉的糕点。清朝康熙年间刑部尚书王士禛在《香祖笔记》卷三中有这样的描述："明大内英华殿，供西番佛像……四月八日，供大不落夹四百对，小不落夹三百对。叔祖季木考功诗云：'慈宁宫里佛龛崇，瑶水珠灯照碧空。四月虔供不落夹，内官催办小油红'盖纪此事也。"明大内每年的四月初八日为浴佛日，供两种糕点，叫作大不落夹的四百对，小不落夹的三百对。供佛完毕后，糕点会被分发赐予百官。不落夹也写作"不落荚"。清代王棠《燕在阁知新录·不落荚》："四月八日用白面调蔬品，摊桐叶上，合叶蒸食，名不落荚。"同样是四月八日，用桐叶摊卷白面蒸煮而成的食品被称为"不落荚"。从已有的记载来看，当时的"不落夹"有大小两种形制，且应该属于两种食品。

明朝万历年间内监刘若愚在《明宫史·饮食好尚》中写道："四月初八日，进不落夹。以苇叶方包糯米，长可三四寸，阔一寸，味与糉同也。"从文字上看，这种大约10厘米长、3厘米宽的食物应该就是"大不落夹"。用苇叶裹着糯米制成、味道和粽子相近的大不落夹大概有点接近粢饭之类的食品。而今四川的"叶儿粑"可能就是大不落夹的遗制。

相对来说，北京的"艾窝窝"则更可能脱衍于"小不落夹"。同样出自刘若愚之手的《酌中志》是这样写的："以糯米夹芝麻为凉糕，丸而馅之为窝窝，即古之不落夹是也。"这就是小不落夹，可见这种食品是用蒸熟的糯米晾凉后揉匀，揪成小剂，按成圆皮，包上芝麻、白糖等拌好的馅，万历年间的"窝窝"就成功完成了。从文字上看，"小不落夹"就是现在老北京小吃十三绝之一的"艾窝窝"。可见，明朝宫廷中至少已经出现了艾窝窝的雏形。

第四章

豆 面 糕

舌尖记忆

◎驴打滚的外表大致呈黄色，乍一看浑然一体，一凑近却层次分明。放一个到嘴里，顿时香、甜、糯、黏，一齐涌上心头。外面一层粉，爽口。一咬下去，筋道。中间的馅儿，甜而不腻，可口。

◎很小的时候去北京吃过一次正宗的驴打滚，软黏的糯米，香甜的红豆沙和豆香味，都成为了零星的印象。后来只在超市偶尔买得到袋装密封的成品。刚好前几天有集市，我看到有现打的黄豆粉，就兴起了自己在家做驴打滚的念头。于是买了些回家，炒熟后剩下的黄豆粉还可以用来冲个豆面糊糊。自己晚上又用红糖做了一点沙馅，做出的驴打滚很是香甜。虽然比不上老师傅，却仍觉得那一口软糯让人心满意足，刹那就忆起了儿时的味道。

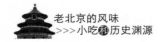
1. 谐趣的"驴打滚"

要说豆面糕，多数人可能不太熟悉。不过提到它另一个俗名，多数人大概就恍然大悟了。那就是"驴打滚"。豆面糕即驴打滚，是老北京传统小吃之一。书中早有关于驴打滚的制作记载："黄豆粘米，蒸熟，裹以红糖水馅，滚于炒豆面中，置盘上售之，取名'驴打滚'真不可思议之称也。"简言之，整个制作过程可分三道工序：制坯、和馅、成型。具体来说，就是用黄米面加水和软、蒸熟，另将黄豆炒熟后，碾压成粉面。制作时将蒸熟的黄米面粘上黄豆粉面，擀成片，然后抹上红豆沙馅卷起来，切成合适大小的块状，撒上白糖就成了。不过现在多数小吃店已放弃黄米面而改用江米面了。制作时要求馅卷得均匀，层次鲜明。成品红、黄、白三色分明，透着股温润剔透的韵致。正宗的驴打滚豆香馅甜，入口绵软，是老少皆宜的风味小吃。在北京，无论是风味餐馆还是特产商店，你都可以看到它的身影。就连一年一度的庙会，驴打滚也是当之无愧的宠儿。在老北京的习俗里，至今也保持着"春分吃驴打滚，辟邪祈福"的传统。

不过，"驴打滚"这个名称一看就是个谐趣的说法。这一点在前人笔下也成为调侃的段子。《燕都小食品杂咏》中有这样的评述："红糖水馅巧安排，黄面成团豆里埋。何事群呼'驴打滚'，称名未免近诙谐。""驴打滚"这三个字从字面义上看是有其逻辑的。驴子这种动物天生有打滚的习性，它们一般在劳作之后，躺在地上打个滚，是为了化解一下疲劳，用尘土吸干身上的汗水。再有就是为了驱赶身上的蚊蝇，解除瘙痒，但也有时纯粹是为了玩耍和游戏。从这一点上看，豆面糕之所以被称为"驴打滚",更可能是源于一种形象的比喻。因为在制作流程的尾声里,它需要在黄豆粉面中滚一下,与毛驴撒欢打滚时扬起阵阵黄土的情景相似。而在成品表面裹有一层均匀的豆面,外观颇像毛驴在地上打滚后浑身沾满干土的样子。由此可见,中国老百姓在吃食上的想象总是丰富而充满生活意趣的。相比豆面糕这个传统而正经的大名,"驴打滚"这个谑称反而流传甚广,为人熟知了。

而今在京城的大街小巷,你都可以买到驴打滚。不过若是追根溯源,驴打滚的出现应该算是满族的饮食习俗对北京地区影响的结果。它根在满族,缘起承德,最终盛行于北京。承德地区自古以来盛产一种黍米。修成于清乾隆四十六年(1781)的《热河志》在"物产"这一部分记载:"黍,土人称为黄米。"在承德当地被称为"黄米"的这种米质黏,可以碾成粉来作黏豆包、年糕和"驴打滚"。而满族人又有喜吃黏食的传统,因为他们以游牧为主的生产狩猎方式迫使他们早出晚归,长年行走在山间林中,而吃黏食易有饱腹感、消化的慢且扛饿。清朝时,满人爱吃黏食的习惯传入北京,在吃食的发展史上产生影响。成书在康熙年间由杨宾撰写的《柳边纪略》中曾提到过这样一种食品:"飞石黑阿峰者,黏谷米糕也。色黄如玉,质腻,参以豆粉,蘸以蜜。"从这个描述可以看到,这种在满语中被叫作"飞石黑阿峰"的黏米面糕同样以黄米面为主要原料,质地细腻,同样要裹上一层豆粉,沾上糖,其颜色、原料以及制作工序与"驴打滚"完全称得上是大同小异了。可见"驴打滚"就是在200多年前从满族的黏食中演变出来的一种大众化小吃。

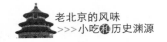
2．御膳间里的"小驴儿"

"驴打滚"的传说和它的名字一样，充满着玩笑的意味。这个传说同艾窝窝一样，与宫廷有关，并透露着几分市井逸闻中常见的阴差阳错的味道。

据说有一年，慈禧太后吃腻了宫里的珍馐美味，想尝尝鲜。御膳房里的大厨绞尽脑汁，最终决定用江米粉裹上红豆沙做一道新式的甜品。新品刚一成型，便有一个叫"小驴儿"的太监来到了御膳房内。意外就这样发生了，小驴儿把刚刚做好的新品碰翻了，恰好落在装着黄豆面的盆里。大厨又急又恼，但此时准备重做也明显来不及了。无奈之下，大厨只好硬着头皮将这道裹着豆面的甜品呈到慈禧太后的面前。慈禧太后一吃，觉得这新玩意儿味道还不错，就问大厨："这东西叫什么呀？"大厨想了想，福祸不论，这道甜品也是由那个叫小驴儿的太监无意中完成的最后一步。于是就跟慈禧太后说："这叫'驴打滚'。"从此，"驴打滚"这道小吃便出现在了世人眼中。

《天生嫩骨》的作者露丝·雷克尔认为食物是人发现并理解世界的方式。这话说的直白，同样颇有深度。你如果在日常生活里稍稍留心一下这样几个主题"吃什么，怎么吃以及什么人在吃"，就会有一些有趣的发现。从小处说，一类吃食总可以折射出人的一种品性；而从大处看，你可以从食物窥视到一个民族的性格和文化。就说"驴打滚"这道京味儿十足的风味小吃，从它的名字，你可以看到北方民族的粗犷，可从它的制作工序，你又能体会到宫廷文化的细腻。从"御膳间里的小驴儿"这个传说，你可以体会出一股宅门内的闲散气，又可以品察到某种皇城内的规矩。在明眼可见的幽默中，又涌动着一种实在讲究的优越感，这种优越感从容婉转又偏偏不可言说。

"驴打滚"的做法、叫法、吃法，具有很强的地方性。借着名作家舒乙的一个精妙概括就是"小吃大艺"。这道风味小吃的原料并不昂贵，可仅仅一个名字就自有其渊源和故事。虽然"小吃"是一个烟火气很旺的词，但它背后的民俗历史和文化底蕴却让它逐渐成为了一种承载着生活本身和时人时事的艺术。就看这个形象化的名字，如果你不在这种区域文化之中，你就没有办法感受到，这一藩篱浑然天成，却保持了一方水土最突出的个性特色。

3．城南旧事：只余浮光如梦长

在中国台湾作家林海音的作品《城南旧事》里有一个独立的故事叫作《驴打滚》。全书是通过小女孩林英子串联起来的，透过童稚的双眼，来讲述发生在 20 世纪二三十年代北京城南胡同里的一段段悲欢离合。不加雕饰的文字里，那些与童年相关的记忆固然纯真，却更像是一个远去的迷梦，流露出怅惘的哀愁与风干的思念。

《驴打滚》讲述的是英子奶妈的故事。宋妈的丈夫"黄板牙儿"冯大明是一个好吃懒做的赌徒。宋妈生下一双儿女后，就去了英子家做奶妈。好几年后，冯大明找上门，宋妈才得知儿子小栓子掉到河里淹死了，而她的丈夫还把女儿给送人了。之前宋妈还一直在给她的儿子做新衣服、新鞋子。她非常伤心，到处寻找女儿的下落，却一无所获。几年后的一个大雪天里，宋妈又跟着冯大明回老家去了。

这个故事里，宋妈的丈夫总是骑着头毛驴来找她，这一情节是后

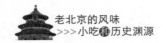
文的铺垫，也是个很有象征意义的场景。在宋妈带着英子去找自己女儿寄养的人家时，出现了与文题相关的，即"驴打滚"的情节。她们在找小丫头子的间歇里，看见有人卖一种叫"驴打滚"的吃食。

我们走到西交民巷的中国银行门口，来了一个卖吃的也停在这儿。他支起木架子，把一个方木盘子摆上去，然后掀开那块盖布，用黄色的面粉做一种吃的。

"宋妈，他在做什么？"

"啊？"宋妈正看着砖地在发愣，她抬起头来看看说："那叫驴打滚。把黄米面蒸熟了，包上黑糖，再在绿豆粉里滚一滚，挺香，你吃不吃？"

吃的东西起名叫"驴打滚"，很有意思，我哪有不吃的道理！我咽咽唾沫点点头，宋妈掏出钱来给我买了两个吃。她又多买了几个，小心地包在手绢里，我说："是买给丫头子的吗？"

……

她又问我："饿了吧？"说着就把手巾包打开，拿出一个刚才买的驴打滚来，上面的绿豆粉已经被黄米面湿溶了。

我嘴里念了一声："驴打滚！"接过来，放在嘴里。

我对宋妈说："我知道为什么叫驴打滚了，你家驴在地上打滚起来，屁股底下总有这么一堆。"我提起一个给她看，"这像不像驴粪球？"

我是想逗宋妈笑的，但是她不笑，只说："吃罢！"

半个月过去，宋妈说，她跑遍了北京城的马车行，也没有一点点丫头子的影子。

食物总是在和情感联系在一起时，才有了记忆的温度。宋妈惦记着女儿，但她无法确信能找到她。她买下"驴打滚"，更像是一种希望的寄托。而在英子眼中，"驴打滚"的怪名字只会让她联想到宋妈丈夫的那头小毛驴，她想以此来逗宋妈开心却未能如愿。那块溶了豆粉的驴打滚在旁观者眼中就如某种预示，宋妈的女儿最终也不会有机会吃到亲生母亲买的糕点了。

在英子的世界里，那些纷扰的人和事会带来困惑，却不会成为枷锁。她不明白的事太多：宋妈为什么抛下儿女到别人家里伺候人？为什么赚的钱又要交给丈夫？小丫头子怎么会送给别人？甚至于为什么她关于"驴打滚"的逗趣解释不能让宋妈笑出来？童心无欺，这些问题找不到答案，在她的生活里留下浅淡的痕迹后就消隐无踪了。所有的记忆都因为天真而不再沉重，但也因为天真在经年回首时便倍觉苍凉。

故事的终局，宋妈还是骑着小毛驴回家了，她要和她的"黄板儿牙"一起去过他们的生活。是的，所有苦楚与辛酸沉淀后，生活还是要继续。而在英子的眼中，离别的场景是这样的：

黄板儿牙拍了一下驴屁股，小驴儿朝前走，在厚厚雪地上印下了一个个清楚的蹄印儿。黄板儿牙在后面跟着驴跑，嘴里喊着："得、得、得、得。"

驴脖子上套了一串小铃铛，在雪后的清新空气里，响得真好听。

整个小说有一种平滑似水的基调。它没有刻意表达什么，只是从一个孩子眼中描绘一段发生在寻常巷陌的人生。它忠实地记录一种怀旧的味道，就像生活在说它自己，不疾不徐，温厚淳和。这里的"驴打滚"不再软糯甜蜜，它更像一张黑白的剪影，裹挟着离愁，留在了北京城的记忆里。不过它的滋味依旧悠然绵长、值得回味，那是一种根植于源头的烟火气，无法摒弃也不带任何功利心，那是人世间至真至纯的味道。

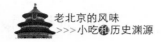
第五章

豌豆黄

舌尖记忆

◎从白瓷小碟里夹起一块小巧玲珑，细腻温润，放进嘴里，只轻轻一抿，竟然如梦般化得不知去向，只留下唇齿间一缕清纯甘冽，伴随着若隐若现的清凉直沁心脾。记得那次饭后，去中山公园音乐堂听了

出昆曲《牡丹亭》——《游园·惊梦》，清雅而委婉，细腻而精致，不由得令人心头一惊：呀！怎么竟和那豌豆黄异曲同工？

◎"豌豆黄儿哎——大块的！"一声吆喝伴着小铜锣儿一敲，连槐树上的麻雀也停止了无休止的吵闹。一个瘦长的身影出现在胡同口，肩上挎着的几节圆笼，手里敲着小铜锣儿。看着孩子们都奔了过来，卖豌豆黄的小贩就势把圆笼放在石阶上。盛豌豆黄的圆笼用黄铜的钉子铆紧；三层笼屉上下咬合紧密无缝儿；底层横穿一根铜条，两侧用上好牛筋固定。里头更有看头：有做好的大块的豌豆黄糕，成块卖。小贩张叔说他爷爷的手艺伺候过太后老佛爷，无法证实。但豌豆黄确实地道，保持了原料的清香，味道绵长、松糯、味儿厚，更合口。

1. 源起民间的宫廷小吃

"从来食物属燕京，豌豆黄儿久着名。红枣都嵌金屑里，十文一块买黄琼。"

上面这段批语写的就是北京传统小吃豌豆黄。这道小吃色泽明丽、清凉爽口，非常受大众喜爱。按北京习俗，农历三月初三要吃豌豆黄，所以豌豆黄可称得上是春季庙会的必备食物之一。因此，每当初春豌豆黄就上市，一直供应到夏天。豌豆黄的成品色泽浅黄，口感细腻，味道香甜，是春夏时分的应时佳品。

中医认为，豌豆性味甘平，能解疮毒，去暑热，有抗菌消炎、补中益气、利小便、消脂的功效，而且豌豆中富含粗纤维，有清肠的作用。此外在《本草纲目》中有记载，豌豆具有"去黑黯、令面光泽"的效果。其原理更被现代研究所印证，豌豆富含维生素 A 原，在体内可转化为维生素 A，对皮肤有润泽的作用，适用于皮肤干燥者。当然食用也当适量，否则过犹不及，毕竟豌豆也是豆类，吃多了容易腹胀，消化不良。

第一次看到豌豆黄时，不少人会产生一个疑问。那就是：为什么豌豆多是白色或青色，而豌豆黄却是很明显的黄色呢？按通俗的说法来回答，这种色泽上的差异正是颜色稀释的结果。豌豆经过兑水、煮烂、打浆、加料等诸多工序后，颜色被淡化了，变成了黄中带有微绿或者浅黄色的样子。举例来说，一些绿叶蔬菜在榨汁兑水后会变成暗黄色，豌豆黄同样是这个原理。

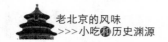
豌豆黄原是出自民间的食品,这种大众化的豌豆黄也被称作"糙豌豆黄儿"。其制作方法相对简单。用白豌豆去皮,以两倍于豌豆的水,用砂鼓子(一种较厚的平底圆砂锅)将豆焖烂,然后放糖炒,再加入石膏水和去核的红枣搅拌均匀,放入大砂锅内,等水分渐干,冷却成块后就可出锅,黄色为底、满嵌红枣,晾凉后切成三角形或菱形,就成了红黄相间煞是好看的成品了。就像它的俗称"糙豌豆黄儿",这种豌豆黄较粗,整锅的黄儿上一层豌豆皮清晰可见,不过兼有豌豆的清香和小枣的甜味,总体而言仍然细腻可口,凉甜消暑,是很适合夏天的味道。这种豌豆黄一般都是由京郊等地的小贩制作出售,通常置于罩有湿蓝布的独轮车上推到街巷或庙会上去卖。他们吆喝着"豌豆黄儿哎——大块的!"行走在北京城的大小胡同。而购买者也多是普通老百姓,尤其对当时平民人家的孩子来说,平时缺乏零食,若能偶尔吃到一块这样的豌豆黄,也颇有滋味和意趣。不过如今这样制作和出售的豌豆黄基本已绝迹。

有"糙豌豆黄儿",自然也有相应的"细豌豆黄儿"。这两种小吃都叫豌豆黄,但这两种豌豆黄的用料、工艺、价格有天壤之别。所谓"细豌豆黄儿"是清宫御膳房根据民间的"糙豌豆黄儿"改进而成。它与芸豆糕、小窝头等同称为"宫廷小吃",又因慈禧喜食而出名,所以身价不菲。

相传豌豆黄是和芸豆卷一起传入清宫的。"细豌豆黄儿"不再加入红枣,但制作方法上更为精细考究。它要求用上等白豌豆为原料,将豌豆去皮后用凉水泡足三遍。再用铜锅将豌豆煮烂成糊状,然后带原汤过箩,在过箩后的豌豆糊中加上白糖放入锅内炒,这里的火候非常重要。炒得太嫩则不能凝结成块,太老又可能出现裂纹。所以,炒的过程中有一个方法专门用来检验火候。厨师要随时用木板捞起豆泥做试验，如果从板上淌下去的豆泥没有立刻与锅中的豆泥相融合，而是先形成一个堆，再逐渐与锅内豆泥融合，即可起锅，这个工序被称为"堆丝"。起锅后的豆泥倒入白铁模具内，盖上光滑的薄纸，一方面防止裂纹，另一方面还可保洁，晾凉后即成豌豆黄。宫里吃的时候通常装在精致的盒子里，这些两寸见方、不足半寸厚的小方块质地纯净，入口即化，旁边再点缀上几片金糕，就属色味俱佳的上品了。

民国以后，北海公园漪澜堂饭庄和仿膳茶社卖的就是这种细豌豆黄，以纸盒盛之，每盒十块。据说慈禧死后，专门为她做豌豆黄的厨师就在漪澜堂饭庄和仿膳茶社侍奉其他皇室贵人，这也是为什么迄今为止北海仿膳饭庄所制的豌豆黄最有名的缘故。

如果你在夏令时分来北京玩，一定记得要个冰镇的豌豆黄尝尝。相比高级冰淇淋，那细细沙沙、绵软甜凉的滋味给你的味蕾带来的会是不一样的新奇体验。

2. 味淡方知其香浓

我在北京城里吃豌豆黄，觉得如睹前朝故物，恍恍兮隔世之感。一位没落王爷，酒醉后唱起了《让徐州》。它还剩一些富贵气。这富贵气又雅致，真是难得。有风情，还有学问。豌豆黄品质酥软，犹鸭头新绿，柳梢嫩金。它是美味。

这是《豌豆黄与橘红糕》里的一段节选。作者车前子在文中细致地描写了对豌豆黄的观感。在文人眼中，豌豆黄之类的点心是属于历史的，是古都记忆的传承。他们品着今人的手艺，感怀的还是旧时的风物。

豌豆黄的颜色沉稳中透着一股轻灵，看似相悖，却又无比协调。那黄色容易让人联想到皇家的肃穆，有高贵威严的象征意义；同时它又仿如阳光的跳跃，是自在活泼的表现色。这样的色泽兼具了不容侵犯的刚硬和愉悦怡人的柔软，就变得虚实不定、分外诱人起来。而色泽之于点心，就像风情之于女人，那是从骨子里透出来的，一眼就可明晰。

而豌豆黄的味道并不胜在浓郁，相反地，它正是由于味淡而显得别具一格。因为味淡，味觉便不会因先入为主的刺激而失去敏感，那伴随味道而来的香气方能沁人心脾、回味良久。那于唇齿之间徘徊的余韵可以延伸到肺腑，入口亦入心，这就是味淡方知其香浓。就像品茗之前先行闻香，品茗之后还需回甘。真正的好点心不一定要让人记住它的味道，却一定可以让人记住它的香气。味道清淡，方能觉察其香气悠远，正如人生淡泊，才能体味其间意味深长。

在有关豌豆黄的传说里，与慈禧相关的一则广为流传。这个故事详细讲述了豌豆黄如何从民间走向清宫。你可以将它当作一则坊间趣闻，也可以追溯其历史背景。不过从这则故事里，你可以再一次深刻体会到北京的传统饮食文化里极为浓重的显贵色彩。

话说因为"苦夏"的缘故，慈禧太后始终食欲不振。这可急坏了大总管李莲英。一日清晨，老佛爷醒来，早有太监来请，说德龄、容龄二位姑娘在颐东殿等老佛爷去用早膳。听说老佛爷最近胃口不佳，德龄和容龄准备的这份早膳有60碗之多，全都放在绘着蓝色龙纹图案的黄捧盒里。可老佛爷一坐在那儿，左一道菜看看，右一道菜瞅瞅，还是什么都不想吃。

要说李莲英侍奉主子，那是颇费心机。这几天看老佛爷没有胃口，他暗派太监查了御膳房的食谱，又差人遍访南城民间小吃，得知北京春夏季节有一种应时佳品叫豌豆黄，是用上等白豌豆为原料，将豌豆磨碎、去皮、洗净、煮烂、糖炒、凝结、切块而成，要嵌以红枣肉，出成品色泽浅黄，清凉爽口。

这天李莲英看慈禧无心吃早膳，就提议让德龄、容龄二位姑娘陪着老佛爷去北海赏花游湖，并说到时要给老佛爷一个惊喜。慈禧听了欣然同意，一行几人由太监引路，大总管李莲英陪同，德龄、容龄二位姑娘搀着径直奔北海赏花游湖。当时春末夏初，天气开始热起来，沿湖走了不大一会儿，老佛爷便出了汗。这时，李莲英提议在北海静心斋歇凉，一迭声儿地喊太监过来，回禀道："老佛爷，奴才呈上南城民间两样小吃，让老佛爷尝尝。"看到太监端上的几盘豌豆黄，细腻纯净，浅黄膏体上嵌着红枣肉，慈禧一见很有食欲，连吃两口，入口即化，暑热顿除。德龄、容龄二位姑娘尝后也赞不绝口，慈禧大悦，传令嘉奖大总管李莲英，并让李莲英将这位厨师留在宫中。

3．雕刻童年：豌豆黄上的"英雄传说"

摊在一起的半成品豌豆黄，派上了用场。只见小张叔净手，用洁白的屉布托起只容一个模子用的料，塞入模子。用手摁摁，用尺板刮刮平，磕出来就是水浒英雄。拢共十块水浒英雄的模子，没多大功夫，便一字排开：阮小七水下功夫栩栩如生，李逵大斧勇夺天下，杨志卖刀细微处能感到刀刃的锋芒。我心中暗想，还是人家老家儿传下来的家伙好使，三下两下写出一段千古传奇。

现场制作，更为精到。他依几个姑娘的要求，拿块豌豆黄捏吧捏吧，用小刀刻刻，镂了几个花卉模样，看起来凹凸感很强。那摊在一

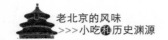
起的半成品，立时便有了生命：牡丹的华贵、玫瑰的玲珑、玉兰的清高，好像都能用镂刀讲得清清楚楚明明白白。小胖儿好打仗，央求着刻几个枪枪炮炮。小张叔行刀麻利快，长刀短枪便成了模样，喜得小胖儿直拍小巴掌。

在《雕刻在城砖上的记忆——老北京的那些事儿》系列中，作者"北京爷儿们"关于"豌豆黄"的记忆与小贩在豌豆黄上表现的一手刀工密不可分。那徜徉在胡同深处的吆喝，槐树在日光中颤动的光影，各式模具压制成的"水浒英雄"，刻刀在豌豆黄上游走的行迹，都构成了作者童年时光里难以忘怀的光景。

孩童的世界总是简单的，他们心思稚拙，喜恶分明，对于英雄传说总是怀着单纯的憧憬仰慕之情。那些用模具压在豌豆黄上的英雄人物是那么的栩栩如生，以至于一些只存在于戏曲、评书、长辈口中的传奇故事一下子便鲜活起来。豌豆黄不再只是吃着香甜的口中之物，它寄托了一种最初的懵懂的对未知世界的好奇，它完美再现了一种再朴实不过的英雄梦想。不过归根到底，豌豆黄只是一种吃食，不能长久地放置，那些纵横江湖的"草莽豪侠"也只能活在话本里。一如所有的孩子终究都会长大，原初的渴望最终会模糊，蓦然回首时只留下一种美好的不似真实的怀念，因为在尘世越久，那种纯然的欢喜就离我们越远了。

年年开春儿，我都好吃这豌豆黄，姥姥说：小孩多吃点儿好，省得蓄食着凉找大夫；大人吃了上下通畅，省得头疼了胃不舒服了，熬药！我更感兴趣那些回回令人期待，回回给你惊喜的小模子；每次十块，绝不重样。那些年，我吃遍了水浒一百单八将，又吃上了西游记里的各路神仙、妖魔鬼怪。印象最深的就是那白骨精了，远看是个骷髅，近看是个美女手里挽着小篮子，满满的一篮豌豆黄儿小窝窝头，我都晕了，这唐僧能不晕吗？唯一搁得风干酥碎了，都没敢吃的是孙猴儿，万一在我肚子里折腾怎么办？

在稚子眼中，豌豆黄上镂刻的形形色色的人物是拥有生命的。无论是英雄美女还是神魔仙怪，尽管只是被用刀雕刻在豌豆黄上，去依旧像从故事里苏醒了过来，成为了陪伴稚儿一起"冒险"的童年玩伴。那肩挎圆笼、走街串巷的小贩犹如吸引着孩童目光的魔术师，以流浪商人的手艺为孩子单独构筑了一个光怪陆离的世界。那些精彩的历史瞬间被定格，那些鲜明的人物形象被镂刻，从一花一草的姿态到一颦一笑的神情，无一不可成为师傅刀下信手而为的生动作品。

现在的胡同口再也不会出现小贩瘦长的身影，而今的槐树下也不会再听见和着铜锣音的吆喝，店里的豌豆黄上不会再刻有那些"英雄传说"，所有的喧嚣热闹都湮没在历史疾驰而去的车辙印里。也许在某个蝉声鼎沸的午后，某个陷入酣梦的老者会捡起已然失落的童年，忽然想起那一声韵律铿锵的"豌豆黄儿哎——"，还有那一手出神入化的刀下功夫。

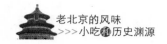
第六章

冰糖葫芦

舌尖记忆

◎那大糖葫芦足有六尺，从大到小、自上而下，用数十个山楂果串制在荆条之上，顶上插纸制的小旗，有红的、有绿的，煞是馋人。这是专门扛在肩上的糖葫芦。回想坐在老爹的肩膀上，扛着一大串糖葫芦，美不吉儿的，心里头那叫一个爽。走一会儿，嘎巴嘎巴来上一个，衣服上满是黏黏的甜甜的。回到家，那大串的糖葫芦儿，一准儿剩下多半根，举在手上晶莹剔透且红彤彤的，有意无意地在小伙伴面前显摆。碰上个铁磁儿的发小儿，咱准张罗着喂他到嘴里头——最多了，也就两颗。吃多了咱可不干。

◎枯黄的草扎成的把子，上面一层层一圈圈插满了冰糖葫芦，像一串串绯红的玛瑙，为苍白的北国之冬带来了一抹亮色。推着冰糖葫芦的自行车，一位老伯伯在风中站立。他的脸庞像老树皮一样的皱缩，涩涩的，阳光普照，仿佛下一刻就是黎明。我只是站着，看着每一根山楂果串联起来的冰糖葫芦，就像被一个简单而易逝的梦裹住了。那层薄薄的脆脆的糖皮，一不小心掉了就碎了，里面的芬芳涌了出来，是山楂果酸涩的香气，伤感到让人忘记了在那个风吹的巷口偶然上演的相遇。

1. 糖葫芦的"前世今生"

冰糖葫芦又叫糖葫芦，是北京饮食文化中的一个典型符号。不过因为其制作方法相对简单，原料易得，男女老少普遍喜欢，所以在全国各地都可以看见它的踪影。不过在天南海北，同样的糖葫芦有着不同的名称。在东北地区被叫作糖梨膏，在天津被叫作糖墩儿，在南方一些地区则被称作糖球。最常见的冰糖葫芦是用竹签将山楂果串起，外面裹一层糖稀，通体光洁、莹润剔透，再加上红艳艳的色彩，看着就很有喜庆的气息。尤其在冬日，冰糖葫芦鲜亮的色彩不仅能给人们带来一丝暖意，其吉祥的寓意也深受百姓人家的欢迎。

在旧时的北京，冰糖葫芦是冬春之夜常见的消闲小吃。曾经的四合院里，那些宅门人家常在隆冬时自制以红果、山药豆等为原料的糖葫芦，放在庭院里冻着随吃随取。早在清朝的岁时风俗里，冬夜吃糖葫芦就很常见了。清末富察敦崇在《燕京岁时记》里曾记有冰糖葫芦"乃用竹签，贯以葡萄、山药豆、海棠果、山里红等物，蘸以冰糖，甜脆而凉，冬夜食之，颇能去煤炭之气"。吃冰糖葫芦是否能防止一氧化碳中毒，其科学性并不可考。不过这段描述至少证明了：在清代，北方的冬夜里，吃糖葫芦并不少见，而且很可能是一种普通人家约定俗

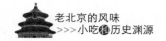
成的惯例。

冰糖葫芦的制作工序并不复杂，但一些细节会直接决定出品的成败。首先挑选新鲜饱满的山楂果洗净后切开，挖去果核后再合上，用竹签串起；然后把白砂糖或冰糖倒入锅中，按照一份水两份糖的比例用火熬成糖稀。要熬成黏稠透明状十分考验功力，欠了火候成了糖霜，不好看还会黏牙，过火了出现焦煳，难看又会有苦味。虽然只是几秒的时间却非常关键；之后就是蘸糖。这一步要求在熬好的热糖上将果串贴着泛起的泡沫轻轻转动，裹上薄薄一层后即刻提起。这里就要讲究技巧。如果糖裹得太厚，吃下去一口咬不着果，就基本算是失败的。反之涂上薄薄而均匀的一层，才算成功；最后将蘸好糖的串子放到光滑的木板上冷却即可。因为木板温度较低，木头又有吸水性，所以可以帮助糖葫芦迅速冷却定型。一般出售时，店家会将糖葫芦按串排列在大盘中，罩上玻璃罩；或捧木质方盘，没有玻璃罩也要盖一块洁净纱布。

昔日的京城里，按照糖葫芦的粗细档次和售卖方法的不同，大致可以分为三种类型。

第一种是摆在茶馆、戏院等公共场所出售的糖葫芦。那些冰糖葫芦会摆放在玻璃罩内的白瓷盘中，卖相精致，品类繁多，除了山楂还有荸荠、山药、橘子、白海棠等口味，搭配点缀的馅料则包括了豆沙、芝麻、瓜子仁、核桃仁等，食客可以尽情选择。

第二种是小商贩们走街串巷，挑着担子、捧着木盒或挎着竹篮售卖的糖葫芦。如果是现场制作新蘸的糖葫芦，小贩们就要备齐了相关的工具。担子的一头用来放做好的糖葫芦，木盘上支着半圆形的架子，架子用竹片弯成，小孔遍布，正好用来插放糖葫芦串。另一头则摆着火炉、铁锅、案板、刀铲等工具还有糖、山楂等原料。这类的糖葫芦，品种不多，价钱适中，很受胡同弄堂里的老老少少们的喜欢。

在这种售卖方式里除了正常的钱货交易外，还有一种抽签的卖法。《故都食物百咏》中专门提及了这一特殊现象："葫芦穿得蘸冰糖，果子新鲜滋味长。燕市有名传巧制，签筒摇动与飞扬。"注解里还特别阐释了这一点："冰糖葫芦为北平名产，各样鲜果均可穿蘸。早年抽签之赌，北平不甚流行，唯售冰糖葫芦者，率多带有签筒。"这里的签筒是一种用来抽签的赌具。小贩们在竹筒里放上竹签，签上有数字刻度，买家花一串的钱抽一次，抽到刻度几就可以拿到几串糖葫芦。当然绝大多数签上的数字为一。除了这种简单的玩法外，买家和小贩还可以抽签玩"牌九"。这时候，厉害的买家花很少的钱就能吃上很多串糖葫芦，而技术和运气都差了那么一点的顾客就只能让小贩赚足了钱，不过到最后，小贩还是会送一串糖葫芦给买主解解馋去去郁气，总之还是以和为贵、皆大欢喜。

此外，在商贩的售卖中，不得不提及一种造型比较特殊的糖葫芦。那就是在北京庙会上独领风骚的大糖葫芦。顾名思义，大糖葫芦最大的特点就是"大"。这种糖葫芦可达五六尺，即使是小的也可达到三尺。它是用很长的荆条做芯，山楂外蘸得是麦芽糖，通体呈白色，顶端上插着三角形的小彩旗。虽然这种糖葫芦制法比较粗糙，不如冰糖蘸的好吃，但小孩子买这种大糖葫芦，却是每年正月初一到十五逛庙会的固定节目之一，也可称得上是古都北京城的庙会上的一道民俗风景。在民国时出版的《京华春梦录》一书中就有相关记载："岁朝之游，向集厂甸。""迫兴阑游倦，买步偕返，则必购相生纸花，乃大串糖葫芦，插于车旁，疾驶过市，途人见之，咸知为厂甸游归也。"可见，岁时到厂甸逛庙会是当时惯例，而在时人眼中，大糖葫芦正是北京入岁时厂甸庙会的标志。

在老北京的记忆中，大糖葫芦的"金贵"只能在庙会上跟着凑热闹。当时的儿歌里就有这么一句："正月初一逛厂甸，糖葫芦，好大串。"只要到厂甸、地坛、龙潭湖等庙会上随意走走，就可以见到小孩子央求着大人买个长把的大糖葫芦。就连四处的吆喝声也非常应景："哎，大糖葫芦儿呵；哎，扛串儿!"在老北京的印象里，仿佛不吃这口儿就不算过节、不算逛过庙会，有些匪夷所思又好像理所当然。

除了前面说的这两类糖葫芦，第三种就是那些老字号里经营出售的冰糖葫芦。最早制售糖葫芦的是"不老泉""信远斋""九龙斋"这三家。而最有名的则是位于东安市场南门的"隆记"食品店制售的冰糖葫芦。在这些名店里，冰糖葫芦所用的果子，不下数十种，即使同是一种，也有多重的花样，甚至于果面上也能排出缤纷精巧的图样。原料以大山楂、大白海棠、山药为主。为了方便在上面做图案，有些时候会将果子煮熟压扁后再蘸糖。点缀装饰的干果多用花生仁、松子、瓜子仁等，此外，青梅、果脯、蜜糕片都可以用来排花式。而这些花样里最常见也最讨喜的是镶嵌。例如将大山楂拦腰断开，去核，在其中嵌入白山药泥或黑豆沙。表层磨光用松仁、瓜子排成梅花或菱形等简易图案，想象一下，如此一来，在一串冰糖葫芦上可以同时出现翠绿（青梅）、玫瑰红（山楂）、棕黑（豆沙）、白玉（山药）等诸多色彩，这样的糖葫芦简直可以称得上是一件赏心悦目的艺术品。还有一种单个红果自成一串的糖葫芦也非常受大众青睐。那是用单只的红果或海棠做花球，每根竹签上一枚，精细打造成狮子头、花篮等形状，用其装匣送礼有特色又有品位，当然也绝对有档次。

始建于清乾隆元年（1736）的"不老泉"实行的是自产自销的经营模式。店铺后院加工，前厅卖货，主营的是节令食品。冬季的主打食品就是冰糖葫芦。据说"不老泉"对原料的选择极为苛刻，山楂只用山东产的优质金星山楂；辅料只用金黄色的冰糖，而在串果的时候，在果与果之间一定要留空隙，用以保证每个红果都匀称地蘸上了冰糖。还有一种红白黑三色一体的特色糖葫芦，是在切开口的果子里填入细豆沙、山药泥、核桃屑，再在外部浅浅裹上一层黑豆沙，黑豆沙上再撒上形状不一的瓜子仁，之后蘸上冰糖汁。这种颜色分明的糖葫芦吃起来酸甜利口，外脆内绵，清香悠远。清代大学士纪晓岚就留下了对"不老泉"糖葫芦的赞语"浮沉宦海如鸥鸟，生死书丛不老泉"。

原址在东琉璃厂的"信远斋"同样始建于乾隆年间，它的前身是信远斋蜜果店。有资料显示，信远斋最早出售的冰糖葫芦是"以竹签穿单个红果用冰糖蘸成"的。传说中，"豆沙冰糖葫芦"是信远斋的招牌糖葫芦，简单来说，也就是将每个去核后、剖为两半的山楂都夹上豆沙，再用冰糖去蘸。在《雅舍谈吃》里，梁实秋曾无比清晰地写道："冰糖葫芦以信远斋所制为最精，不用竹签，每一颗山里红或海棠均单个独立，所用之果皆硕大无比，而且干净，放在垫了油纸的纸盒中由客携去。"

时至今日，"信远斋"早已不是昔日模样，梁先生回忆里的冰糖葫芦也只能留存在泛黄的书页里，早已难闻其香。现在的糖葫芦完全变了样，原料几乎无所不包，草莓的、黑枣的、香蕉的、猕猴桃的、橘子的……能串成一溜的就能挂上糖，挂上糖的都被冠上大名"糖葫芦"。还有填塞的馅料更是穷尽了想象力，芝麻的、莲蓉的、紫薯的、可可的、冰淇淋的……为了尝个鲜，能翻新的都翻新了。时代的变迁鲜明标记了糖葫芦的"前世今生"，在这一出以"冰糖葫芦"为主角的剧目里，我们只能沉默以对那种"昨日之日不可留"的怅惘。

2. 宋光宗的食疗方子

曾经有一首以"冰糖葫芦"为主题的歌被广为传唱:"都说冰糖葫芦儿酸,酸里面它裹着甜;都说冰糖葫芦儿甜,可甜里面它透着酸;糖葫芦好看它竹签儿穿,象征幸福和团圆;把幸福和团圆连成串,没有愁来没有烦……"这歌词很朴实地写出了冰糖葫芦酸甜兼具的特点:甜蜜的糖皮下裹着的是酸涩的果肉,一口咬下,两种味道差异明显,似有层次又好像交织在一起。这味道透着股老北京人的气性。这样的体验同样适用于他们的生活,甜里透着酸,酸里还裹着甜。不过,在外人眼中,他们挂在脸上的永远是一副乐呵呵的万事不愁的样子。日历撕过一张又一张,春秋换了一转又一转,在街头巷尾,偶然瞥见那一串火红时,周遭的气氛顷刻间就热闹起来。即使只是"冰糖葫芦"这四个字哑摸在嘴里,也让人油然而生一丝黏糊糊的欢喜之意。曾有诗赞曰:"串串红腮艳,珠珠白絮莹。撩唇觅童趣,惹目动乡情。酸齿咯嘣脆,甜心舒爽清。催诗滋雅韵,缄口自然成。"

虽然冰糖葫芦长得可人又可爱,但在传说里,它的出现实际上是为了治病。而一切的故事都要从一位宋朝的皇帝说起。

南宋第三位皇帝宋光宗赵惇在位时间不长,却在宋朝历史上留下了奇特的一笔。他退位的很大原因是自己罹患的精神障碍,他一生受困于对父亲的猜忌和对正妻的惧怕。传说绍熙年间,宋光宗最宠爱的黄贵妃生病了,她茶饭不思,以至于形销骨立、郁气难解。御医尝试了各种药方,用下了无数珍贵药材,却不见什么效果,黄贵妃的病情日渐加重,有渐成沉疴之势。赵惇本就是个情绪易于激动的人,宠妃的病让他极度不安。随着贵妃的日益憔悴，皇帝也愁眉不展、难以抒怀。宋光宗燥郁了，手下办差的大臣自然也不好过。万般无奈之下，朝臣只好发布榜文，诏广天下，许以重赏，希望能延请到隐世名医为贵妃治病。

最后，一位江湖郎中揭了榜进到宫内，为黄贵妃仔细诊脉后，开了一个看上去非常怪异的方子："冰糖与棠球子（即山楂）熬煎，日服五至十粒，饭前服用，半月即好。"只要一天五到十颗山楂果，放入冰糖水熬煮，每天饭前服下，持续半个月就可以了。这样简陋的方子与其说是药方，不如说是食谱。所以，从皇帝到御医都将信将疑，不过至少这个方子对人体无害，而且酸甜的味道还颇合黄贵妃的口味。当她按此办法坚持服用一段时间后，很快就病愈了。赵惇自然喜笑颜开，对这个食疗方子大加赞赏。后来这种做法传到民间，老百姓把山楂果用竹签穿起来蘸了冰糖吃，后来又将大小两个果儿穿在一起，大个儿的在下面，小个儿的在上面，整体的样子看起来像个葫芦，再加上"葫芦"跟"福禄"两字谐音，是寓意吉祥的兆头，因而"糖葫芦儿"这个名字这样诞生了。

在日常生活里，我们可以看到能做冰糖葫芦的原料很多，不过山楂一直是最传统也最受大众认可的原材料。这不但是因为山楂的味道酸中有甜，口感很容易为人接受，关键还在于山楂是少见的药食同源的果子。它的药用价值几乎可媲美食用价值。山楂自古为消食积的有效药物，尤其对肉类食品淤积在肠胃里的症状有很好的助消化作用。在黄贵妃的病例里，她可能就是由于饮食不均衡，过多的山珍海味吃下去，蓄了食，腹胀难当，气脉不通，才引来一场病。郎中方子里的几枚山楂是很有针对性的，所以才能药到病除了。山楂助消化的显著功效在《本草纲目》里有详细记载："山楂消食健脾，行气疏滞。凡事

物不化、胸腹胀满。食后嚼二三枚绝佳，别有消肉积之功。"甚至李时珍还举了个例子加以说明："煮老鸡硬肉，入山楂（即山楂）数颗即易烂，则其消向积之功，盖可推矣。"

而在现代医学研究中，山楂的潜在价值还在不断挖掘中。它除了助消化外，还有强心、扩张血管、降血压、降血脂、降低血清胆固醇的作用，所以在讲究"药补不如食补"的当代社会，注重养生的人们对山楂的喜爱也是有增无减。山楂自身的价值在往上飞升，而以山楂为原料加工的食品也花样繁多、层出不穷。冰糖葫芦也是人们始终喜爱的吃食之一，就像有位老北京说的："寻常百姓家之所以爱上糖葫芦儿这一口儿，在于它的平和、实用、亲民、便宜。久吃山楂：苗条了上楼不喘了，气顺了吃嘛嘛香了！"

3. 天涯倦客：失落的味觉记忆

你见过可以当工艺品的冰糖葫芦吗？在民间就曾有过这样一个高手，在他的手中，冰糖葫芦这道简单的小吃变成了真正的艺术品。

说到蘸糖葫芦，实际上是在熬制糖稀的锅里泛起泡沫时，将串好的果子放在泡沫上转动，让每个果子都匀称地挂上一层薄薄的糖汁。这位老人蘸冰糖葫芦的技巧非凡。凡是经过他手的葫芦都被称为"玻璃糖葫芦"。因为那些糖葫芦的外观一式的干净剔透，通体澄澈，而且吃到嘴里不黏牙，掉在地上不粘沙，内行人无不惊叹于他掌握火候的功夫。面对旁人的赞叹，他只是笑答："就像《卖油翁》里说的，'无他，唯手熟尔'。"

祖传的手艺可不止这一项绝活。他十分精通蘸豆沙球糖葫芦。

豆沙易散不易聚，将之串到竹签上已经要费一番功夫，最麻烦的是还要在滚锅里蘸糖。如果在力度、精度、角度上有任何疏失，豆沙球势必会散落到糖锅里，糊成一团。而他不仅能蘸，而且蘸得利落漂亮。

老人还能做将糖葫芦做成各式的花鸟、人物。那"鲜花"娇艳欲滴，那"蝴蝶"翩跹起舞，都透着富贵吉祥的寓意。看着就让人稀罕，食客们买了就举在手里看，都不忍心把这样精致的工艺品马上吃掉。

偶尔空闲的时候，老人起了兴致，还会做一套"五虎将"糖葫芦。据他回忆，那是上一代长辈在给大户人家祝寿时才会做的糖葫芦。巧妙镶嵌山药泥、红豆沙、芝麻糊，点缀以瓜子仁、橘子瓣，再佐以橘子皮。嫩白、暗红、纯黑、明黄、橙色，精彩地勾勒出关羽、张飞、黄忠、马超、赵云五员猛将，那凌厉逼人的气势甚至会让人忘记了：这原本只是一根冰糖葫芦。

遗憾的是，老人已经故去十几年，这项手艺也失传良久。现在的人们再无缘得见那样精致的冰糖葫芦。诸如此类的民间工艺随着老一辈的离世而流失，就像城岩抵不过风沙的侵蚀，在物质文明蓬勃发展的今天，那些安置着祖辈智慧的手艺不可避免地走向衰微。我们走得太快了，甚至开始遗忘人类精神的故居。

而在某种程度上说，吃食是让我们找到故园大门的一把钥匙。尤其当我们羁旅异乡时，总会在某个不经意的时刻想起家乡的小吃，那种怀想总是倏忽而至的，可偏偏萦绕心头、难以忘却。我们似乎在眷恋一种食物的味道，实际上只是在思念那一方生我育我的水土。

离开北平就没吃过糖葫芦，实在想念。近有客自北平来，说起糖葫芦，据称在北平这种不属于任何一个阶级的食物几已绝迹。他说我

们在台湾自己家里也未尝不可试做，台湾虽无山里红，其他水果种类不少，蘸了冰糖汁，放在一块涂了油的玻璃板上，送入冰箱冷冻，岂不即可等自大嚼？他说他制成之后将邀我共尝，但是迄今尚无下文，不知结果如何。

这是《雅舍谈吃》里，梁实秋在回味完"信远斋"的冰糖葫芦后写下的一段文字。说的是平实的家常话，可真正在外飘零过的人，读到这样的段落，难免心生黯然。不知彼处的秋风是否依旧萧瑟？不知记忆里的小吃还是不是旧时滋味？不知远行的倦客何时才能踏上归程？思绪错杂，可真正能说出口的或许只有四个字"实在想念"，干涩而隐忍。

吃食之所以能成为人们寄托乡愁的一条纽带，很大程度上是由于中国的饮食文化具有很强的地域特色，提到"冰糖葫芦"，就会想到"北京"；提到"狗不理包子"，就会想到"天津"；提到"羊肉泡馍"，就会想到"陕西"；提到"担担面"，就会想到"成都"；提到"过桥米线"，就会想到"云南"……在某些时候，这些吃食会直接成为一个地方的象征符号。

在诗人杜运燮的笔下，这种隐秘的关联被表达成一种哀而不伤的意趣。他在《诗四十首·月》中这样写："异邦的兵士枯叶一般 / 被桥栏挡住在桥的一边 / 念李白的诗句，咀嚼着 / '低头思故乡'、'思故乡' / 仿佛故乡是一颗橡皮糖"。在这个选段中，"乡愁"这种相对沉重的情感被"橡皮糖"这个俏皮的意象给弱化了，但反复诵读这几句诗时，"仿佛故乡是一颗橡皮糖"这个比喻让人觉得新奇贴切，而且余韵悠长。在人们想念家乡的小吃时，又何尝不是另一种形式的"咀嚼故乡"呢？

味觉的记忆是最长久的，那种记忆会让我们看清来路、找到归路。

可在传统的民间工艺日渐衰落的今天，太多的吃食早已不是旧时滋味。那些吃食本该是历史和记忆的传承，它们忠实地反映着一方水土上祖祖辈辈的生活，可我们总是在不经意间错过或遗失了那些原本鲜活的故事。当我们逐渐老去，也许就会发现，那些失落的味觉记忆已然剥夺了我们"思乡"的权利。

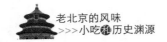
第七章

萨 其 马

◎小时候生活在胡同深处的小四合院里，逢有年节，必会有亲友拿着长方红盒的点心匣子来访，有时加个绿纸裹的果筐，萨其马就是一样。那时点心都硬而少油，萨其马那种腻腻的、甜软的，带着芝麻香油味的与众不同的风味，在我心里刻记上小巷的温馨。因等着吃萨其马而立在正房客厅的八仙桌旁，看祖母在发黄的电灯光里展开红纸，露出红匣子，现在想想仍怦然心动。

◎记忆中吃过一种硬硬的金黄色的萨其马，长方形一小块，又脆又甜，很能考验牙齿哦！吃到牙发热后便想一块接一块地吃。那时候是一小块一小块地卖，用专门的食品纸垫着，好像是五毛钱一小块，吃之前要小心把纸剥掉，不然黏紧了就会连纸也一起吃了。后来发现商店里只有那种软软的淡金色的萨其玛了，这种萨其马整体松软但不乏嚼劲，香气重但不是太甜。每块都用保鲜纸包着，有的上面还洒着白芝麻或红绿丝，要买就是一大包。吃的时候我喜欢先隔着包装纸用手将萨其马捏成团，再打开纸的一角慢慢地咬着吃。

1. 民俗礼仪的传承者

萨其马，现在也可以写作"沙琪玛"，原是满族的一种食物，后来随着清军入关而传入北京，最终成为北京传统风味小吃中非常有特色的四季糕点之一。这种食品一般呈米黄色，口感比较甜，酥松绵软，有相当浓郁的香气。在旧时的北京还被称为"赛利马""满洲饽饽"等。

在清朝时，萨其马曾经是关外三陵（福陵、昭陵、永陵）祭祀时的祭品之一，在民间也是婚丧嫁娶时非常重要的小吃。可以说从皇宫贵族到贩夫走卒，萨其马的受欢迎度都非常高。清道光二十八年（1848）的《马神庙糖饼行行规碑》也写到满洲饽饽是"国家供享，神祈、祭祀、宗庙及内廷殿试、外藩筵晏，又如佛前供素，乃旗民僧道所必用，喜筵桌张，凡冠婚丧祭而不可无，其用亦大矣。"从这个记录来看，萨其马作为吃食的意义已经退位给形式上的意义了，它更多地承载了一种民俗礼仪中的精神力量。相传当年北新桥的泰华斋饽饽铺的萨其马以奶油味最重而闻名，而与它相邻的雍和宫是泰华斋的第一主顾，萨其马作为皇家供品，用量极大。

"萨其马"这个词本身是满语音译。在《清文鉴》中，曾将这种食品解释为"狗奶子糖蘸"。因为满洲原有一种野生浆果，非常形似狗奶子，最初就是用这种果子作为萨其马的原料。传入北京后这种果子才逐渐被芝麻、山楂糕、青梅、葡萄干、枣、瓜子仁等取代，狗奶子之

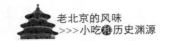
名才湮没下去。而且在萨其马的制作工序里，最后要用饴糖或蜂蜜沁透炸熟的面团，使之混合凝结成块，所以又被冠名为"糖蘸"。由此看来，"狗奶子糖蘸"这个名字对最初的萨其马而言也算实至名归。

清代萨其马的制作方法早有文字记载。成书于清朝的《燕京岁时记》里是这样写的："萨其马乃满洲饽饽，以冰糖、奶油和白面为之，形如糯米，用不灰木烘炉烤进，遂成方块，甜腻可食。""饽饽"是北地方言，意指糕点或馒头之类的食品。萨其马作为满洲饽饽，当时是用冰糖和奶油和着白面粉制作成初步的形态，再放入烤炉烘制，凝结成块后方为成品。这里特别提到了"不灰木"，不灰木指的是北京西山特有的树根化石。烤萨其马强调要用"不灰木"碳，可见要作为皇室的供品，萨其马这类的点心从选料到工艺甚至是烘烤的一块碳都有着严格的管理和苛刻的限定。由于这些糕点涉及对于政治的态度、对于祖宗的诚敬，其制作过程的每一步都被细致要求、精益求精，这在某种程度上巩固了京式糕点的正统地位，也确保了其美誉的世代相传。

时至今日，萨其马的制作方法已被改良，其工序并不十分复杂。如果有兴趣，普通家庭完全可以尝试自己制作。此处做一下简单的介绍：先将鸡蛋和入面粉，揉搓成面团，然后用擀面杖擀薄，切成两指宽的面条状，再洒上面粉，将面条箩起，切成短细条，放入油锅中炸熟，待短条膨大后捞出。留少许底油，放入红糖、蜂蜜，开小火将之溶开，再把炸好的面条放入，搅拌均匀。在方框模具内，按自己的偏好铺上葡萄干、枸杞子、桂花、芝麻等压实，冷却成型后切块，码放起来就大功告成了。

想象一下，金灿灿的本体上嵌着绿葡萄干、红枸杞、黑芝麻，色泽将何其明丽。再加上蜂蜜与桂花的香气，松软香甜的口感，完全称得上色香味俱全了，也难怪萨其马至今仍受到很多人的喜爱。不过萨其马毕竟是油炸食品，而且用糖浆黏合，所以小小的一块热量就极高。多吃容易上火、发胖，所以为了身体健康着想，即使你非常喜欢吃，也请适当控制摄入量。

2. 缪传多多"萨其马"，原是音译得其名

"萨其马"这个名字很有异域特色。故而有人从汉字的文化习惯出发杜撰了不少关于"萨其马"名字的由来。下文将把这些缪传一一道来，权当博君一笑了。

第一个传说利用了谐音。话说在广州任职的某位清朝将领，姓萨，本身是满人，爱好打猎。他还有个怪癖，就是在每次打猎归来后都要来一份点心，而且点心的花式必须每天翻新。有一天，萨将军满载而归后特意又嘱咐了厨房：点心一定要新鲜玩意儿。做不到的话，负责点心的厨师就会被赶走。点心师一听此言，一个哆嗦，手抖了下就把沾了蛋液的点心给炸碎了。恰在此时将军不耐烦了，派人来催快把点心呈上去。点心师顿时气闷，但也只能腹诽：杀了那个骑马的！匆匆忙忙地就把点心送到了萨将军的面前。出人意料的是，萨将军吃了后相当满意，他特意问了这点心的名字。厨子心有所想，随口回道："杀骑马。"结果萨将军听成了"萨骑马"，于是"萨其马"就逐渐传开了。

第二个传说同样是用了谐音。这个缪传的主人公是一位做了几十年点心的老师傅。之前，他有意发明一种新点心，幸运的是，他很快在另一种甜点中得到了灵感。制作出成品后他并没有马上为这道点心命名，而是迫不及待地拿到市场上去卖，想看看食客的反应以便及时改进。不巧的是，当日正赶上一场阵雨，老师傅便寻到了一处大宅，

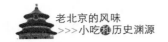
躲在门口的屋檐下避雨。岂料那户人家的主人刚好骑马回家，行进间把老翁放在地上的箩筐踢翻了，筐内的点心撒了一地，完全浪费了。于是老师傅只能回家，再做一次同样的点心去卖，结果大受好评。当有人问起这个点心的名字时，始终有所怨愤的他就调侃了一句："杀骑马!"久而久之，人们最终将名字雅化成了"萨其马"。

第三个传说不像前两个那样充满荒诞色彩，至少它杜撰的依据是萨其马本身的特性。这个故事和努尔哈赤有关。传说努尔哈赤当年远征时，曾在无意间发现了手下一名将军携带的点心。这点心是将军的妻子准备的，不仅口感极好，而且不易变质，特别耐饥，尤其适合长途行军。努尔哈赤尝过后就对此大加赞赏，因为将军的名字叫作"萨其马"，他就把这种食物同样命名为"萨其马"了。

说完这些缪传后，我们来一起看看合理靠谱的解释。"萨其马"一词，最早见于《御制增订清文鉴》一书。这本书是在清乾隆三十六年（1771），由大学士傅恒等所编写的。其正文描述是这样的："萨其马，把白面经芝麻油炸后，于糖稀中掺和。"这说明，至少在1771年时，"萨其马"这个名字已经出现了。在满文字典里，萨其马是指一种砂糖果子，以胡麻和砂糖为主要原料，可意译为油炸条甜饽饽。由于当时找不到汉语代称，便直接将满语音译了过来。

在萨其马从京城传到全国各地后，它的文化内涵也在融入异地的过程中发生了演变。比如在山东沂水县发现的一种传统食品"丰糕"。据考证，这种丰糕就是以萨其马为原型的变种糕点。在沂水县当地自雍正年间就有人开始制作这种丰糕，样式基本和萨其马无二，只是在表面多点了砂糖和绿丝红丝，甚至在食用时也需要切成块状。沂水县人将丰糕与月饼摆在一起，作为中秋时祭祀的供品之一。丰糕完全可以看成本土化了的"萨其马"。

3. 忠贞爱情：死生契阔　与子成说

在与萨其马相关的历史里，有一段鲜为人知的爱情故事。"死生契阔，与子成说；执子之手，与子偕老"本是中国诗词中最为动人的誓言之一。不过在这个故事里，你能感受到的将会是"死生契阔人寥落，便有相思何处说"的哀恸。或者在故事的结尾，你更愿意将之看作另一种形式的"白首不相离"。

故事的背景要从"三藩"说起。当年清军入关，为了笼络人心，顺治皇帝封了三位藩王，分别是平西王吴三桂、平南王尚可喜和靖南王耿仲明。而我们的男主角是耿聚忠，也就是第三代靖南王耿精忠的亲弟弟。

我们的女主角出生也甚为显赫。她本是安郡王岳乐的二女儿，后来成为顺治皇帝福临的养女。被过继给顺治皇帝之后，她还拥有了一个养母董鄂妃。她就是和硕柔嘉公主。顺治皇帝非常重视和喜欢这位干女儿。董鄂妃去世之后，柔嘉公主转由孝庄太后抚养。

这个故事的开端并非什么才子佳人的邂逅，而是一场政治联姻。出生皇家本就身不由己，在这样的环境里要寻觅到一段真挚的感情就更为不易。在清顺治十五年（1658），年仅 6 岁的和硕柔嘉公主就被许配给靖南王耿仲明之孙、耿继茂之子耿聚忠。耿聚忠被封为三等子和硕额驸。这位真正的金枝玉叶，最终嫁给了耿聚忠，可见除了家族权势外，他本人也定是品貌出众。在清康熙二年（1663）十一月，和硕柔嘉公主 12 岁时，两人才真正完成大婚。

耿聚忠作为质子长年在宫里生活，自小就与顺治、康熙等长辈有

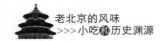
深厚的感情。他对这门亲事很满意，尤其是对和硕柔嘉公主宠爱有加。婚后，公主仍如孩童般时常到宫里去，取回自己喜食的点心，其中大多是她喜欢的萨其马。这对恩爱夫妻共同生活了仅仅十载，和硕柔嘉公主就在清康熙十二年（1673）去世了，年仅22岁。公主去世后，悲痛欲绝的耿聚忠发誓今生不再继娶，直至去世。

根据史料，在公主去世的第二年，也就是清康熙十三年（1674），耿聚忠的大哥耿精忠响应吴三桂造反，耿聚忠和兄弟耿昭忠率子请死，在家待命。但康熙对他们实施了安抚的政策，概不追究。清康熙十四年（1675）七月，康熙让他招降耿精忠，虽然耿精忠并没有理会弟弟的劝降，但可见耿聚忠对清廷一片赤诚。清康熙十九年（1680），耿精忠叛乱被平定，耿聚忠去福州处理善后事宜，他大义灭亲，愤然上书弹劾靖南王，请求朝廷严办，最终耿精忠及其随从被凌迟处死。耿聚忠虽然是叛臣的弟弟，但他始终忠于清王朝，克己奉公，被加太子太保官衔终得善终。

自和硕柔嘉公主去世后第一年祭祀，耿聚忠得知大量的祭祀品萨其马被人哄抢而去，于是，以后每年在祭祀和硕柔嘉公主的时候，他都会派人沿途发放大量的萨其马，这一行为使当时的北京人都知道了位于门头沟龙泉镇的"公主坟"。而且，满族名点萨其马也因耿聚忠的这个举动，首先在北京门头沟民间流传开来。

萨其马以其松软香甜的优点，很快获得大众的喜爱。而且因为萨其马热量高，含脂量大，吃了耐饥，所以它又被常年行走在京西古道的马帮和驼队当作了绝佳的行旅美食，无意间让这道京城的风味点心沿着京西古道走向了全国。

清康熙二十六年（1687）二月，耿聚忠去世，与和硕柔嘉公主合葬在了门头沟龙泉镇，因此也有人管这里叫作耿王坟，不过更多人还是习惯管这里叫公主坟。同年四月，康熙皇帝派礼部尚书伊桑阿代表自己前去北京门头沟祭祀耿聚忠，并赐谥号"悫敏"。

"公主坟"有个奇特的现象，那就是墓地的朝向是坐西向东的。中国自古以来传统的建筑格局都是坐北朝南，大到皇宫王府，小到寻常百姓的四合院，但"公主坟"却不同，选择了坐西向东的朝向。当地流传着这样的说法：门头沟地区当年是京城的远郊，由于依山傍水，风水颇佳，所以很多王公贵族都把这里定为自己的长眠之地。耿聚忠与和硕柔嘉公主选在这里修建自己的墓地，是因为京城位于门头沟的东边，既有尽忠之心，又有望乡之意，三百多年过去了，经历了诸多风雨的公主坟依然执着地守望着紫禁城的方向。

萨其马作为满汉饮食文化融合的见证，引出了这段被人们忘却已久的故事，也成为对那如花美眷最哀婉凄绝的祭奠。虽然过早夭折，可在这似水流年里能找到这样一份用一生忠贞来守候的爱情，又是何其有幸。

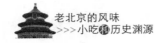
第八章
三 不 粘

舌尖记忆

◎白瓷盘里的三不粘，黄亮柔软，很像塌饼，放一小块在口中细细品尝，糯糯的、甜甜的，爽滑细嫩，还有嚼劲，那股挥之不去的浓香和那种沙甜的口感，真是让人记忆深刻。

◎它看起来状如满月，又似凝脂，黄灿灿的，趁热吃上一勺，香糯甜美，味道就像黄米糕，但是里面却没加一粒米，吃起来有种口含温玉的舒适感，甜而不腻，一点也不油，糖和油的比例恰到好处，让人感觉香甜爽口，好吃得很，吃完一勺又一勺，让人欲罢不能。

1．奇特的鸡蛋变身

三不粘又称桂花蛋，是老北京汉族传统名小吃，之所以叫作三不粘是因为它一不粘盘子、二不粘筷子、三不黏牙齿，食材为蛋黄、淀粉和白糖，入锅炒至金黄色盛出，色泽鲜亮，嫩香甜美，油润爽口，营养丰富、老少咸宜。

三不粘在火候、工序和配料上都极为讲究，对烹饪技法要求很高，需要专人烹制40分钟左右，还必须使用专用锅制作此品，唯有如此方能达到不粘餐具和牙齿的要求，制成名副其实的三不粘小吃。具体做法是以4：3：2：1的比例将水、蛋黄、白糖、绿豆淀粉放入器皿中，用力搅拌，搅拌均匀之后，放进锅中用猪油煎炒，必须不停地边炒边捣，确保原料不粘锅，又不能炒焦。

在这个过程中，"捣"的力度尤为重要，决定着制作这味小吃的成败。不可太轻更不能太重，还必须不间断地操作，使空气进入蛋中，又不能出现气泡，否则就功亏一篑了。此外，火候也必须恰到好处，火候大了容易把蛋炒煳，小了色泽就会差些。这味小吃非常讲究品相，成色为灿烂的金黄色方为上品，在口感上追求香嫩绵软，软润如饴，含之即化。制作三不粘最好选用柴鸡蛋，以十月以上的黑山猪板油炼制出来的猪油来煎炒为佳。

随着时代的变迁，三不粘也在与时俱进，人们在保留这位美食优良传统的同时，还不断对其制法加以改进，把京糕雕刻得栩栩如生的红色小兔摆放在三不粘周围，更增添了它的情趣，使其显得更为精致和缤纷。然而由于这味小吃制作难度过大，所以普及性不高，在有些

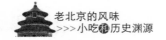
地区几近失传，现为北京同和居的特色菜，据说曾有一位年过六旬的老先生为了追回童年的美好回忆，特地打电话登报寻觅此菜。对于不能抵京的部分人来说，三不粘恐怕只能成为一种逝去的回忆了，但对于那些真正追求舌尖快感的美食家来说，想要品尝三不粘也不见得是什么难事，为了享受到这味精致的小品，他们可以排除万难、苦心钻研，直至有朝一日成为擅烹的大厨，做出正宗的三不粘。如果屡战屡败，他们则会以精锐的眼光在城市地图上寻寻觅觅，直到找到它方可罢休，总之美食达人的潜能和智慧是无穷大的，想吃三不粘就一定能如愿以偿。

三不粘不是什么豪华大餐，也进不了饕餮盛宴的席面，何以有这么大的魅力呢？首先它能在视觉和味觉上给人以美的享受，其鲜黄透亮的颜色，最能勾起人的食欲，轻轻地夹起一块放到嘴里，感觉像年糕一样软香甜润，丝毫不觉油腻，如果添加些许绿色天然豆粉，口感更佳。其次三不粘不仅色鲜味美，味道醇厚，而且极其难得，正所谓物以稀为贵，不仅国人视其为珍馐，许多国际友人也都慕名而来，称赞三不粘是世上最好的美味。

真正享受美食的时刻，不是在饥饿难耐时，因为那样会饥不择食，只有在饱暖之余，细细地品尝和品鉴，恣情享受，才会留下永久的回味。三不粘虽然耐饥，可不是简单的果腹之物，它的风味需在你思念它和享用它的时候才能释放出来，它就像一只翩跹在溪谷的蝴蝶，想要一睹它的真貌，则要追寻它的颜色，追寻它的影迹，也许只一瞬间你就用味蕾成功将其俘获，也许你可能探寻良久才解其中味。

2. 沈园惊梦: 红颜花落泪倾城

"红酥手, 黄藤酒, 满城春色宫墙柳。东风恶, 欢情薄, 一杯愁绪, 几年离索。错, 错, 错!"

"春如旧, 人空瘦, 泪痕红浥鲛绡透。桃花落, 闲池阁, 山盟虽在, 绵书难托。莫, 莫, 莫!"

这是我国南宋爱国诗人陆游和表妹唐婉互诉衷肠填写的一首叫作《钗头凤》的词, 两个人之间演绎的凄婉爱情故事就如这首苦涩凄美的诗词一般浪漫而悲伤。唐婉才貌双全, 却为陆母所不喜, 最终被棒打鸳鸯, 但是为了能和陆游相守, 她曾经做过妥协和让步, 亲自下厨烹制三不粘小吃讨婆婆喜欢。

唐婉是陆游一生的挚爱, 她冰雪聪明, 秀美端庄, 是南宋有名的才女, 与陆游青梅竹马一起长大, 两个人常以诗词互诉情愫, 经历过风花雪月、海誓山盟的浪漫, 而后结为恩爱夫妻。婚后夫妻二人感情甚笃, 度过了一段无比甜蜜的美好时光。可惜幸福易逝, 人生无常, 陆游的母亲眼见儿子日日与媳妇把手言欢, 如胶似漆, 唯恐他沉迷于温柔乡而耽误了考取功名。陆母一心想着让儿子科举中第、光宗耀祖, 自然把唐婉看成了羁绊, 于是对她百般挑剔, 多次刁难。唐婉虽然心中委屈, 但为了能和表哥陆游在一起, 利用自己的聪明才智将难题一一化解。

陆母60岁大寿那天, 宾客们纷纷赶来赴宴祝寿, 陆家设下了九桌宴席, 气氛分外喜庆。正当客人们觥筹交错, 举箸品尝佳肴时, 陆母

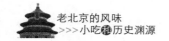
忽然抛出一个难题："今天美酒佳肴预备得不错，可惜少了一样东西。"由于酒席是为陆母庆生所设，她又是长辈，这么一说，宾客们都大感奇怪，忙问其详。陆母这才肯娓娓道来："既然大家想知道，我不妨解释一下，让我这个贤惠的儿媳也下厨展示一下手艺，我想吃的东西是：说蛋也有蛋，说面也有面，吃不出蛋，咬不着面；是火烧，用油炸；看着焦黄，进口松软；瞧着有盐，尝尝怪甜；不沾勺子不粘盘；不用咬就能咽的食物。"

众人一听，都知道陆母是有意刁难唐婉。然而唐婉却十分从容沉着，当即走进厨房，打了几个鸡蛋，放入淀粉、白糖，加水搅匀，用细箩过滤好。以中火加热熟猪油，把备好的蛋黄液倒进锅中，快速搅动，等到蛋黄液凝结成糊状，慢慢往锅里顺入熟猪油，然后继续不间断地搅拌，直到蛋黄煎至金黄不粘锅具时，迅速起锅。

唐婉不慌不忙地把这道美食端上桌时，宾客们连忙竞相品尝，只觉得这味小吃口感爽润，异常酥软，甜香醉人，堪称极品美味，都忍不住夸赞唐婉厨艺不凡，说陆母有一位心灵手巧的好儿媳。此后这道不粘盘子、不粘筷子、不黏牙齿的三不粘小吃在民间广为流传，成为深受大众喜欢的至味美食。

虽然唐婉聪颖贤淑，但仍没能使婆婆抛开偏见，最终在婆婆的逼迫下与陆游分道扬镳。心中悲苦难以直抒的陆游在沈园题下了《钗头凤》。数年后各奔东西的两人再次重逢，唐婉念起旧情，填写了下联。分别后，唐婉郁郁寡欢，形容憔悴，最终抑郁成疾，抱憾而终。

40年后，陆游故地重游，再次来到沈园，终于在斑驳的墙壁上看到了表妹的题词，他又饱含深情地写下了两首"沈园怀旧"的诗歌，其中那句"伤心桥下春波绿，疑是惊鸿照影来。"真是让人有断肠之感。不知鬓发如雪、老泪纵横的诗人在忆起那双可爱的红酥手的时候，是否想起了三不粘小吃，可怜红颜薄命，美人已化焦土，但是三不粘小吃却像《钗头凤》的诗词一样，流传千古，成为京华一道名点。人们在品尝这道香甜适宜的小吃时，想起它背后的这段凄美缠绵的爱情故事，不免有些唏嘘。然而正是这个令人动人的传说，透过一味食品，让人们尝到了爱情的苦痛与甜蜜。

3. 迷雾重重道渊源

关于三不粘的由来，还流传着很多版本的说法，其中最为动人的莫过于唐婉之说，但这种传说明显有附会之嫌，纵使陆游的母气再不喜欢唐婉，经常刁难儿媳，也仅能限于私下里，在古代封建社会，长辈尤其重视家族荣誉，不可能因为婆媳不和就在大庭广众之下让自家人难堪，所以陆游之母逼唐婉自创三不粘的说法着实是站不住脚。关于三不粘的起源，还有一则有趣的故事。

相传在清乾隆年间，安阳有位孝顺的县令，其父喜食花生和鸡蛋，但是由于上了年纪，牙齿不全，难飨其味，县令便吩咐家厨把花生煮烂、把鸡蛋做成羹，给老父亲品尝。县令的父亲开始食用的时候还非常满意，可是这两道食品吃久了难免生腻，随之食欲锐减。县令见父亲胃口越来越差，心里很是着急，命令家厨必须变换花样，做出一道新式美食来。厨师搜肠刮肚、冥思苦想，以鸡蛋和花生为食材研制出了多道新式菜品，还是没有激起县令父亲的食欲。有一天，厨师终于

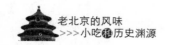

想出了一个新花样，他将鸡蛋黄拌入白糖加水搅拌后，放入锅中炒出了一道色泽金黄味道极美的佳肴，取名为桂花蛋，县令的父亲举箸品尝后，对这道美食赞不绝口。此后，桂花蛋就成了县令家常吃的一道菜肴，一家人都非常喜欢吃。

到了秋季，时逢县令父亲的70大寿，县令大设宴席，满座宾朋为其恭贺寿辰。桂花蛋也进了寿宴的名单。平素此菜只是做给县令一家人吃，厨师是以小锅烹调的，而县令父亲过寿那天，赴宴的宾客非常多，厨师只好改用大锅烹制，由于是首次使用大锅制作桂花蛋，厨师也拿捏不好原料的比例，桂花蛋做好后，他发现蛋黄过稀了，又手忙脚乱地朝里面加了不少粉芡，感到色泽被稀释了就边炒边向原料里添油，厨师忙得满头大汗，唯恐出现什么差池。孰料，这误打误撞于一片慌乱之中炒出的桂花蛋颜色更加橙黄明润，几近通透，浓香诱人，宾客们吃了几口，连夸此菜甜润鲜美，实乃美食中的极品。后来，桂花蛋很快就成了安阳的一道名品。

没过多久，乾隆帝下江南途经安阳，想要尝一尝安阳的风味小吃，安阳县令就以桂花蛋献给皇帝品尝。乾隆品尝完毕后，龙颜大悦，见这味小吃既不粘餐盘，也不粘筷子，还不黏牙齿，便御赐桂花蛋为"三不粘"，并令县令的家厨把烹制此小吃的技法传授给宫廷御膳房里的厨师，以供自己和嫔妃们日常享用。就这样，三不粘从安阳古城传进了京都皇城，成为宫廷的珍馐美馔。

对于这种说法也难免让人生疑，乾隆帝下江南，皇宫内是有存档的，其中的行程路线、行宫地点以及是否会见了当地官员，都会有文字记录，但是有关三不粘的传说在史料上却无据可考，因此可信度不高。民间流传的这个故事很可能完全是杜撰。三不粘扬名极有可能是源于同和居，三不粘是同和居的名品，即便最初不是起源于同和居，也与同和居有较深的历史渊源，关于三不粘和同和居的渊源流传着两种说法。

一说是同和居刚开业时，生意不是很红火，客流量少得可怜，于是店老板就跟熟识的一名御厨学会了不少宫廷菜的做法，主推宫廷美馔，一天，一位身份尊贵的王爷光顾了同和居，店老板不敢怠慢，亲自下厨烹制佳肴，和大厨合做了一道新菜，就是三不粘。王爷品尝后对这道菜连连称叹，三不粘从此声名鹊起，人们纷纷前往同和居品尝被王爷夸赞过的三不粘。另外一种说法是三不粘本是清宫御膳房的佳品，有 150 多年的历史。后来广和居的牟姓师傅认识了一位皇家名厨，从中学到了制作三不粘的手艺，加以改进后变成了广和居的独家名菜。广和居停业后，牟师傅到同和居掌厨，遂把此菜带入了同和居。

关于前一种说法颇为不可靠，王爷未必会光顾开业不久、门庭冷落的同和居，此种说法的流传很可能是为了使三不粘这味小吃沾些贵气。相对而言，第二种说法更为可信些，封建王朝瓦解之后，确实有大量宫廷菜传入民间，之前在御膳房专门侍奉皇族的御厨当然有可能将手艺外传。

无论三不粘是如何起源的，它都已成为了京城小吃文化的符号之一，这道似糕非糕、似羹非羹，不粘餐具和牙齿的美食，凝结着我国劳动人民的智慧，是人民想象力和创作力的大爆发，仅仅是一点鸡蛋、白糖和淀粉就能像变魔法一样使之成为色香味俱全的美味，这不得不说是一个奇迹。而京城能把这款烹制起来颇有难度的风味小吃保留下来，实属万幸，老北京人由此更有口福了。相传大文学家鲁迅在北京生活的时候尤其喜欢吃三不粘，酒过三

巡后，常以一盘三不粘清口解酒，其乐无穷。看来三不粘和帝王贵胄、文化名人在各种传闻中都有一点牵连，它背后的故事还真是不少，而今再品三不粘，不禁会令人思绪万千。尝美食、品典故，其实也是人生的一大乐事。

Part3

炊烟起处忆燕都——烙烤篇

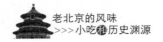
第九章

焦　圈

舌尖记忆

◎等豆汁儿喝到第二口及半杯的时候，醇绵的陈香渐渐悠荡，此时特别适宜嚼一口焦圈。焦圈如手镯，坚硬焦脆，咬断一节，嚼之，十分新鲜的焦香弥漫，它令豆汁儿的味道霎时大撤退，嚼罢焦圈，就得又喝一口豆汁儿，这样的循环构成了喝豆汁儿配焦圈的趣味。

◎一套四元的豆汁份儿饭看来丰富，除了一碗豆汁儿，还附上一碟形似将油条袖珍化、炸得焦酥又兜成手环状的面食，那就是焦圈了，另附一盘水疙瘩丝。伴着那悠扬的吆喝，咬上一口松脆的焦圈，就着水疙瘩丝，品着热气腾腾的豆汁儿，俩字"舒坦"！冒着热气的豆汁儿，有着青灰的色彩，让人一下联想到了胡同那青砖灰墙。配上这金黄色的焦圈，犹如在这青灰墙上，增添了黄琉璃瓦。

1. 制法考究的油炸果

在北京小吃里，最有传统特色、最富代表性的莫过于焦圈配豆汁儿。焦圈与豆汁儿可以算得上是经典的红花绿叶配，谁也离不开谁。

豆汁儿早已声名在外，而焦圈在老北京中的受欢迎度绝不亚于豆汁儿。男女老少都爱那一口酥脆油香的味儿，尤其就着豆汁儿吃焦圈的时候，不少人都把这一过程当作一种享受。不过在朱家溍为《老饕漫笔》作的序中写道："'油炸果'的果字读儿音，这是保留在北曲中的元大都音。'焦圈'一词是新北京话，从前只称'油炸果'。"在20世纪50年代时，老北京人还习惯将焦圈称作"油炸果"，而油炸果的铁杆搭配还不是豆汁儿，而是马蹄烧饼。直到今天，仍有不少人喜欢吃烧饼时夹焦圈。

焦圈色泽深黄，形如手镯，焦香酥脆，其历史悠久也颇具风味。好的焦圈讲究"四六寸、酱黄色"，即内径四寸、外径六寸，一掰成八瓣。放置十天半月，也能保持酥脆如初、不皮不皱。不过也正因为如此，焦圈制作的每一道工序都非常讲究，导致其技术要求很高，相对来说，批量制作的劳动效率较低，一般的小吃店并不太愿意入手，所以北京城内有一段时间，焦圈的供应经常断档。

看似简单普通的焦圈，制作起来到底有哪些门道呢？

焦圈的制作，首先需用温水化开盐、块碱、少许明矾，用木槌搅拌溶液待用。搅动时要注意盆里的动静。如果盆中发出"嗡嗡"声，并均匀地冒起细小的泡沫，才算达标。要是不起泡沫，就是碱过多，可适量添些明矾；要是泡沫很大，且较长时间不消失，则是明矾过量，

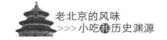
可再加些碱。比例适当的调料溶液是制作成功的第一步。

之后就要将面粉和溶液放一起和成面团了。如果你是在家做，用的面粉当然不可能太讲究，用三成的一等粉配上七成的标准粉就可以了。光是和面一项，要求高一点的话，前后就要和四次。从留起来的溶液中取一半洒在面团上揉匀，并将面团对折一下，盖上湿布，饧 15 分钟。然后，取下盖布，双手蘸上剩下的溶液将面团按揉几分钟，翻过面团再按揉几分钟，仍将面团对折一下，盖上湿布，再饧 15 分钟。第三次，在面团表面涂上一层花生油，再按揉一遍，对折起来饧 15 分钟。第四次，将面团放在抹了油的案板上摁平，用小炸刀在面团上随意划一些横竖交叉的刀纹（以使其饧得快），对折后，在面团表面涂上薄薄的一层油，再饧 60 分钟。

饧好后把面团压扁，用刀取成条面坯置于案板上，一手按住一端，另一手托住面坯的另一端，捋成长扁片，厚约两寸，再把面片切成一寸多长的小条，每两个小条叠在一起，再顺着长度切出一条缝。这里处处都是要讲刀工的。一刀下去，两边不能切通，要略有粘连。

油烧至五六成热时，用手拿住生焦圈坯的一头下油锅，当小条在热油中浮起，迅速地将它翻个，即刻将筷子插入缝里，来回轻撞缝的两端，将缝碰宽后，再用筷子套着缝反复划上几个圈，把缝撑圆，便形成了一个手镯状的圈儿。这时要勤翻过，每个至少翻 4 次，将圈两面都炸成深黄色才能定型出锅。而出锅也是看得出学问的。手艺好的师傅讲究一两面出 8 个，一斤面出 80 个，不多不少。

看到此处，你就可以大致明白要做好焦圈有多难了吧。它考验技术，更磨炼心性。所以，真正的高手已经是少之又少了。在北京的焦圈界，曾有一个声名赫赫的"焦圈俊王"。他出手的焦圈色泽棕黄，大小匀称，又酥又脆，香气四溢。最绝的是，焦圈放在桌上，稍碰即碎，久置后也不会变僵发黏。这样的技艺绝对称得上是焦圈界的"腕儿"级人物了。

如今要想在街面上吃到地道的焦圈，你也只能耐着性子"寻寻觅觅"了。眼下京城中能炸出像模像样的焦圈的店真的屈指可数。不少小吃店打着焦圈之名，炸出了真的"焦"圈，焦得都黑了，嚼在嘴里，又硬又皮，早就失去了地道的焦圈的味儿了。

2. 酸甜辣咸："五缺一"的人生况味

烧饼、豆汁儿、焦圈是最受老北京人青睐的早餐。四九城里的粥铺、豆汁摊、小吃店都会售卖焦圈。从前北京粥铺的早点，讲究吃马蹄烧饼夹焦圈，喝甜浆粥。如果吃上了瘾或者只认可某个店铺或某位师傅的手艺，可以吃上一辈子而不腻口。

焦圈在南方人的眼里大概类似于圈了一个圆的油条，不过两者还是有着微妙的区别，在《北京土语辞典》中对焦圈作了形象的描述："作环状，大小如镯，特别酥脆。"要说上品的焦圈，讲究炸出来颜色偏于棕黄，油亮酥香，小巧玲珑，宛如手镯。不过看上去非常"平民大众"的焦圈实际上却是从清宫御膳房传出来的食品。据说它最早是皇帝的吃食。

虽然焦圈的发明人和出现时间已经不可考了，但焦圈"出身"皇宫的说法却似乎一直被广泛认同。旧时，兴盛馆的邬殿元炸的焦圈在老北京中享有盛名。而邬殿元的师傅孙德山就曾是清宫中专门负责炸焦圈的御厨。可见皇室中人对焦圈也是十分偏爱的，甚至为此而设了专门的厨师。在 20 世纪 30 年代时，邬殿元师傅经营粥铺谋求生计，

主营的就是焦圈，在一些口耳相传的逸闻里，那些焦圈哪怕放上一个多星期，也不发皮，照样脆生。

在民间，同样出名的还有旧京南城的"俊王焦圈"。当家的主人姓王，德顺斋的王家焦圈在老北京食客中是无人不知的。这家制作焦圈的名店创始于清朝光绪年间，第一代掌门人王国瑞身材颀长、模样俊美，加之姓氏为王，所以有了"俊王"的雅称。德顺斋的焦圈从原料到火候，每一个细节都精益求精。

提起北京小吃，首先让人想起豆汁儿和焦圈儿。北京人爱喝豆汁儿，爱吃焦圈儿，并把喝豆汁儿吃焦圈当成是一种享受。喝豆汁儿吃焦圈必须配切得极细的酱菜，一般夏天用苤蓝，讲究的要用老咸水芥切成细丝，拌上辣椒油，还要配套吃炸得焦黄酥透的焦圈，风味独到。

据单好豆汁儿配焦圈这口儿者称，一碗豆汁儿几个焦圈加上一碟儿辣咸菜丝儿，占了五味中酸、辣、甜、咸四味，独没有苦味，是为人生的期盼。北京有句老话儿说："豆汁儿焦圈儿咸菜丝儿"说的是喝豆汁儿必须得搭配着焦黄焦黄的炸焦圈，还得辅以细细的咸菜丝儿吃，三样东西，一样也不能少。小口地抿一口豆汁儿，有一股淡淡的豆香味，待它慢慢入喉，酸酸的味道才开始绽放，这酸味驻留在齿间，既不让人反感也不让人排斥，这就是老北京的豆汁儿，是皇城根下朴素的本色的酸。刚炸好的焦圈，又酥又脆，外皮焦黄，像是戴在手腕上的金镯子，咬一口甜香适口，老少咸宜，有了焦圈，豆汁儿的独特味道才更为凸显，喝口豆汁儿嚼几口脆脆的焦圈，再配上又咸又辣的咸菜丝儿，别提多美了。

焦圈、豆汁儿、咸菜丝儿，就像方糖、咖啡和牛奶，作为个体它们各有各的滋味，但只有混在一起才更对味儿，这就像真实的人生，有令人欢愉的甜，那是幸福是喜悦是每一刻美好的瞬间；有让人过瘾的辣，那是刺激是挑战是活泼大胆、特立独行的时光；有难以言表的酸，那是思念是留恋是困惑或所有道不尽的复杂情绪；有不可或缺的咸，那是调剂是追寻是生命里不能缺失的一切。唯独没有人喜欢苦味，苦最为世人抗拒，它和人类渴盼的一切背道而驰，令人避之不及。人只有失意、痛苦、受挫的时候才感到苦，没有人喜欢这种滋味，当它来临的时候，或逃避或勇敢应战，但没有人会心甘情愿地接纳它。豆汁儿的酸、焦圈的香甜、咸菜丝的咸辣，对应着人生的种种，不免让人心生感叹。美食里的人生哲学不见得深邃，但是却发人深省，带给我们的是有益的启发和富有美感的诠释，饮食男女品的不仅仅是味道，还有潜藏在味道之下的深意，小小的焦圈不可能让我们领略宇宙的浩瀚和世界的广博，但是仍能让我们感受到人生的真谛，邂逅焦圈，其实是一种缘分，同样也是一种福祉。

第十章
傲子麻花

◎傲子有如妙龄少女的青丝，麻花又似古时男子的发髻，傲子麻花形美，也易于唤起人美的联想，它金黄亮润，轻嚼几下，入口即碎，酥脆得无以复加，一股甘甜的味道悄然在舌尖弥散开来，真

是美味至极。我最喜欢新炸出来的脆生生的傲子麻花，那酥香的口感太解馋了。吃过之后，意犹未尽，久久忘不掉这诱惑的味道。

◎傲子麻花色泽黄亮，香脆无比，几乎入口即碎，嚼之便惊动旁侧的不少人，确实是老少咸宜的大众化食品。每次一碰到那香喷喷、黄澄澄的傲子麻花，我的脚步就自然而然慢下来了，光是看看它漂亮的外形，就已经十分馋人了，咬一口，香味弥漫，曼妙无穷。

1. 松酥香脆的寒食

饊子麻花是北京风味小吃中的美食精品，古名为"环饼""寒具"，其特点是入口酥脆，甜香沁人，据说这种美味小吃在战国时代就有了，秦汉以来一直是寒食节必备的佳品，从古至今一直深受大众喜爱。

饊子麻花是发酵面制成的麻花形状的油炸食品，具有鲜明的回族风味，如今饊子麻花已经成为普及全国的一道美食，其历史非常悠久，曾一度作为寒具的代表食物。在古代，人们过寒食节常常吃这种食物充饥。据《续晋阳秋》记载："桓灵宝好蓄书法名画，客至，常出而观。客食寒具，油污其画，后遂不设寒具。"由此可知寒具为油炸食品。唐代韦巨源所著的《食单》也对寒具作过诠释，其文曰："巨胜奴（酥蜜寒具）"，说明寒具的味道是又甜又酥的。明代医学家李时珍在《本草纲目》中说："寒具，冬春可留数月，及寒食禁烟用之，故名寒具。"可知寒具可长期储存不变质，数月后还能在寒食节食用。清代御膳房的食单中点心的种类当中就包括发面麻花。

饊子麻花制作工序略微有些复杂，首先备好两块发酵面，一块面和好红糖，将没加糖的另一块面铺在上面，做成两层酵面、一层糖面，然后切一条厚度约为5厘米的长条，把一端压薄，将薄边和厚边叠在一起，均匀地切成一个个40克左右的小块，在小块中间切一刀，轻轻打开，把薄的一面朝里翻，厚的一面向一边折过去，就做成了耳状的面坯了。花生油热至五成时，把面坯分批下锅油炸，待面坯炸至金黄色时捞出，浸入温热的饴糖中，一分钟后即可放入盘中晾凉食用。

大约是从清代开始饊子和麻花才正式分开，演变成了两种油炸小

吃。两者的区别是馓子较细形散，酷似很多拧在一起的油炸面条，麻花则又粗又大，通常是两三股面拧在一块，质地偏硬。麻花当中最出名的当属天津花发祥麻花，它的配料比较丰富，有芝麻、青梅、糖姜、桃仁等，将这些果脯和进发酵面里，搓拧之后油炸即可。馓子、麻花分立以后，仍有称"馓子麻花"者，天津的王记剪子股麻花由于面条虽散却丝毫不凌乱，做出的麻花肌并没有紧紧拧在一起，形状介于馓子和麻花之间，故而称作馓子麻花。

馓子薄厚、大小都十分均匀，又酥又脆，有股浓浓的焦香味，色泽光亮鲜艳，外形美观，制作方式也十分讲究，首先在面粉里加入矾、碱、盐调成的溶液，再放入用红糖、蜂蜜、花椒、葱皮熬成的汤汁，然后把鸡蛋和香油和进面里揉压，搓成均匀的粗条置于盆中。油热后，面已经醒得差不多了，将左手的四指手指并拢，仔细缠上七个面粗条，轻轻将其拉长，缠在竹筷上入锅油炸。宁夏、甘肃、青海等地区的回民制作的馓子很有特色，他们先把面搓成一根根匀称的面条，对折两次形成八股，再将两端捏在一起，下锅炸好后捞出即可。做好的馓子堪称食色味俱佳，看起来黄澄澄的，闻起来香气扑鼻，咬一口甜丝丝的，而且脆脆的，绝对是一道风味独特的地方美食。

麻花做工也十分精细，品类繁多，依据口味不同，可分为蜜麻花和淡味脆麻花两大类，根据用料不同，脆麻花又可分为三股麻花、绳子头麻花、大麻花、果料麻花、芝麻麻花、芙蓉麻花等。

由于回民的馓子麻花完好地保留了民族特色，因此知名度较高。在北京城除了回民开设的餐馆制作的馓子麻花享有盛誉外，北京地安门小吃店制作的馓子麻花也获得了不错的口碑，1997年12月，它还获得了由中国烹饪协会授予的首届全国中华名小吃称号。宣武区菜市口南来顺饭庄是闻名京城的老字号，各种小吃应有尽有，经营制作的馓子麻花有十多个品种，各具形态，风味独特，有一尺半长的大麻花，也有两口就能吃完的微型蜜麻花，还有扇形和枣核形的馓子麻花，小麻花玲珑有致，惹人怜爱，几口下去，满口的香浓和甜蜜，一位初来南来顺饭庄的食客感慨地说："吃麻花何必再上天津！"据史料记载，地安门曾见证过多个重大的历史事件，历史文化沉淀让这里的馓子麻花又多了几分厚重的味道。

说起馓子麻花的文化味，就需要追根溯源，据史料推断馓子在遥远的古代就被称为寒具，早在两千多年前楚国诗人屈原在《楚辞·招魂》篇中，就有"秬粆蜜饵，有餦餭兮"的描述，那么秬粆蜜饵、餦餭又是什么呢？宋代林洪考证后得出的结论是："秬粆乃蜜面而少润者"，"餦餭乃寒具食，无可疑也。"明代医学家李时珍在《本草纲目·谷部》中说："寒具即食馓也，以糯粉和面，入少盐，牵索纽捻成环钏形，……入口即碎脆如凌雪。"可见馓子麻花这种食品有多古老了，恐怕将其称之为"活化石"也不为过了。

2. 割股奉君的典故

古时的寒具发展成近日的馓子麻花，所用食材和制作工艺都更为讲究了，现代的馓子不再以米粉做原料，而是用面粉取而代之，大多都添加了糖分和蜂蜜，变成了可口的甜食，还发展出了一种加盐的咸食。现代人吃寒具只是为了满足口腹之欲，那么古人为什么要吃这种食品呢？说来还有一个感人的传说。

在群雄并起的春秋战国时代，国与国之间的角逐和杀伐一直是历史演义的主旋律，国家内部的权力之争又为那个风雨仓皇的乱世增添

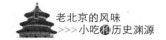

了别样色彩。相传，晋献公的妃子骊姬为了让儿子奚齐登上王位，使用毒辣的手段设计谋害太子申生，导致太子申生自杀身亡。申生的弟弟重耳为了躲避迫害，只好暂时离宫过起了浪迹天涯的流亡生活。在那段颠沛流离的艰难岁月里，重耳承受了很多常人无法想象的磨难和屈辱，随他一起流亡的大臣受尽了风餐露宿的苦楚，除了少数几个仍愿意追随效忠他外，大多纷纷弃他而去，其中有一名忠心耿耿的臣子，名叫介子推。

有一天，重耳带着臣子们流亡到了一处荒无人烟的地方，大家已经很久没有进食了，全都又累又饿。重耳由于身体虚弱，再加上疲惫和营养不良，走着走着突然晕了过去。众人万分焦急，可是在这荒郊野外哪里能找到食物呢？介子推吩咐大家照顾好重耳，自己悄悄地走开了。重耳苏醒过来以后，想起昔日在宫中锦衣玉食的日子，而今连一顿普通的饭食也吃不到，不禁难过得长吁短叹。侍臣们也个个面容愁苦，一副落魄不堪的样子。过了一会儿，介子推捧着新鲜的生肉回来了，众人喜出望外，立即烹制肉汤。羹汤煮好后，介子推双手捧给气息奄奄的重耳，重耳闻到一股扑鼻的肉香，来不及细问，就咕咚咕咚喝起来，喝完之后，恢复了一点元气，脸上也有了一点血色，他这才高兴地问道："这么鲜美的野味，是哪位爱卿猎来的？"侍臣们都把目光投向了介子推，重耳也向介子推望去，只见介子推面色惨白如纸，下衣渗出了股股血迹，顿时恍然大悟。这肉是从介子推腿上生生割下来的，重耳被这割股奉君的举动深深感动了，他一把抱住介子推，感激地说："介爱卿，日后内乱平息，回宫之后，定会报答你的大恩大德！"

19年过去了，重耳终于结束了流亡生涯，回国当上了晋国的国君，成为我国历史上赫赫有名的春秋五霸之一——晋文公。晋文公做了君主后，非常感激那些当年和自己患难与共的侍臣，一一重重地嘉奖了他们，却把介子推忘了。介子推淡泊名利，也从来没有向晋文公邀过功。直到有人在晋文公面前为介子推鸣不平，晋文公才猛然想起昔日的割股之恩，感到十分惭愧，立刻派人请介子推上朝接受封赏。可是一连派人请了好几次，介子推坚持不肯到朝堂来。晋文公只好亲自到介子推家里拜访。到了介子推家门前，介子推闭门不见，之后又背着老母亲躲进绵山隐居起来。

晋文公命令御林军搜山，可是御林军回来复命时声称他们找遍了整座山林也没有见到介子推母子踪影。这时有位大臣建议放火焚山，并说三面点火，留一方给介子推逃生，火起时，母子二人必然会从没着火的方向逃出。晋文公觉得此计可行，遂下令火烧绵山，大火整整烧了三天三夜，火光熊熊，火势冲天，始终不见介子推走出来。直到大火熄灭，绵山一片焦土，也没有发现介子推的身影。晋文公到山上一看，发现介子推母子紧紧地抱着一棵烧焦的柳树已然死去多时了。晋文公望着介子推烧焦的尸体，不禁泪流满面。流亡时期的陈年旧事一幕幕浮现在他的脑海里，他强忍悲痛，悔恨不已，打算好生安葬母子二人。在挪动介子推遗体时，发现介子推背后有个树洞，树洞里似乎藏着什么东西。晋文公探手一摸，掏出一片布满血字的衣襟，上面写道：割肉奉君尽丹心，但愿主公常清明。柳下作鬼终不见，强似伴君作谏臣。倘若主公心有我，忆我之时常自省。臣在九泉心无愧，勤政清明复清明。

晋文公把这封血书放入衣袖中，把介子推母子安葬在了他们丧生的大柳树下。为了表达对介子推的敬意，晋文公把绵山改称为"介山"，又在山上修建了祠堂，并将火烧深山的那天定为寒食节，号令举国上下在每年的寒食节都必须禁烟火，只能以寒食果腹。下山时，他

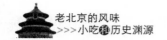
从那棵烧焦的大柳树上砍下了一段木头，回宫后用它制作了一双木屐，每日望木屐兴叹"悲哉足下！""足下"是古代人们下级对上级的尊称或同辈人之间的敬称，据说就来源于晋文公对着木屐睹物思人的故事。次年，晋文公带着众臣，身着一袭朴素的装束，徒步登介山拜祭介子推。但见介子推墓前那棵烧焦的柳树死而复活，枝条上抽出了片片绿叶，呈现出一片盎然的生机。晋文公见到这棵死而复生的柳树，仿佛见到了介子推一样，心里倍感欣慰。他怀着复杂的心情折下了一条柳枝，编织了一个树环戴在头顶上。扫完墓后，晋文公赐复生的柳树为"清明节柳"，把扫墓那天定为清明节。

此后，晋文公随身携带着介子推留下的血书，并将其视为自己的人生信条，时刻鞭策自己励精图治，用心治理国家。晋文公执政时期，晋国被治理得井井有条，出现了国泰民安的稳定局面。人们为了纪念不居功、不贪图名利和富贵的介子推，每年到了他的忌日，都禁止烟火，只吃寒食，还用面粉和着枣泥塑成燕子的样子，以杨柳枝串起，插于门上，据说可以召唤介子推的亡魂，所以就把这种面塑燕子叫作"之推燕"。就这样寒食节和清明节被定为全国的节日。每年的寒食节，家家户户都不生火做饭，只吃几种冷食。馓子麻花就是其中的一味冷食，不过现在人们把它当作一种普通的风味小吃，任何时候都可以当作零食品尝，不再刻意遵守寒食节的规定了。馓子麻花也从寒食节食用的时令食物，演变成街头巷弄普遍流行的小吃食品。

第十一章

褡裢火烧

◎褡裢火烧外皮酥脆，肉馅绵软浓香，有股肉饼的味道，但要比肉饼美味多了，一口咬下去，面皮的脆、馅料的馨香所带来的味觉和触觉的快

感真是无可比拟的，使人享用后久久不能忘怀。喝上一碗去油腻的酸辣汤，鲜香酸辣，余味悠扬。

◎刚出锅的褡裢火烧，煎得金黄油亮，煞是好看，夹起来吃上几口，面皮又薄又脆，多汁的馅料饱满鲜美，汤汁溢满口腔，配上浓郁的酸辣汤，老北京的味道都尽数在里面了。吃褡裢火烧最好是趁热吃，吃一次就会发现这道美食果真是名不虚传，以至于以后一听到它的名字就会条件反射似的吞口水。

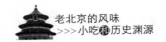
1. 胡同里的珍馐

提起褡裢火烧，老北京人几乎没有不知道的，它是京城著名的汉族名点之一，因其形状酷似古人肩上装钱的褡裢而得名。褡裢火烧品相类似锅贴，属油炸面食，以虾肉、海参、肥瘦猪肉为馅，油煎至焦黄后即可起锅食用。刚出锅的褡裢火烧黄澄澄、金灿灿，焦香馥郁，鲜美异常。尤其是搭配以鸡血和豆腐条做成的酸辣汤，更是鲜香酸辣，浓香四溢，既美味又可化解油腻，还具有驱寒功效。

褡裢火烧价格实惠，味道鲜美，深受大众喜爱。制作时，面坯必须和得软硬适度，醒好后，做成大小均匀的小面团，然后擀成长方形的薄皮，将备好的虾肉、海参、肥瘦猪肉和调味料制成的馅包入面皮中，再下锅煎炸，待呈金黄色时出锅，出锅前打上个鸡蛋，放入些许香菜碎末调味，辅以一碗热气腾腾的酸辣汤，就着醋和蒜瓣，吃到嘴里，各种美妙的滋味在舌尖绽放，余味悠长，回味无穷。

火烧系列的小吃在北京饮食业独树一帜，风靡一时。而历经百年岁月的褡裢火烧，外焦里嫩，无比鲜美，享有"北京名吃"和"中华名小吃"的美誉，自然更是备受推崇。不少文化名流、艺术家、书法家流连褡裢火烧，或以"飘香四海"的墨宝相赠，或书下"胜友常临修食谱，高朋雅会备珍馐"的条幅，或亲自题写匾额。京郊的一位老翁在品尝完褡裢火烧时，写下了"门框胡同瑞宾楼，褡裢火烧是珍馐。外焦里嫩色味美，京都风味誉九州"的诗句。一位年迈的中国台湾老者，不能亲赴京城品尝这道美食，特地嘱咐儿子来北京细品几个正宗的褡裢火烧，以了却他思念京都的情结。近年来，许多外国游客也慕名而来，都想品一品这道味道独特的风味小吃。

褡裢火烧的发祥地是东安市场。为了体现皇家威严，统治者在紫禁城的外围修筑了高高的城墙，形成了所谓的皇城，达官显贵和皇亲国戚出入紫禁城都是从皇城的东门即东安门通行的。自明朝开始地安门外的东大街就充当起皇家内市的职能，后宫嫔妃们常到那里购买珠宝、丝绸等奢侈品，到了清末，地安门大街的商铺和摊位已经多到影响皇家和臣子行走的地步。直到 1903 年，步军统领那桐献计将商贩迁移到附近的练兵场，问题才得以圆满解决，后来练兵场发展成了东安市场，由于临近皇宫内苑，地理位置优越，东安市场很快就繁荣起来，餐饮业随之兴盛，其中专营褡裢火烧的瑞宾楼就是其中的一家，店里的两名伙计深得褡裢火烧制作真传，于 1934 年在前门的门框胡同开办了祥瑞饭馆（系瑞宾楼饭庄前身），使这道京城名吃承载的百年风情得以延承，褡裢火烧一跃成为蜚声中外的华夏名点。

门框胡同虽是一条不起眼的小胡同，但瑞宾楼饭庄凭借着在业界的名气，吸引着八方宾客纷至沓来，使褡裢火烧更加深入人心，成为老北京饮食文化的象征之一。瑞宾楼饭庄已发展成以海参、虾肉、肥瘦猪肉为馅料的三鲜馅品类，并用猪肉搭配野菜、芹菜、西葫芦及牛肉搭配大葱，馅料品种丰富，可以满足不同口味的需求。为了保证褡裢火烧这道美味的正宗口味，瑞宾楼饭庄为这味风味小吃注册了商标，这在北京小吃业堪称是开先河的举措，使饭庄的褡裢火烧成为京城小吃中第一家注册商标的品种。

除了瑞宾楼饭庄外，左邻右舍的褡裢火烧在北京城也小有名气。左邻右舍的室内陈设古朴淡雅，颇有古韵。墙壁上饰有朴素的胡琴、精致典雅的扇子、精美的字画以及怀旧的老北京照片，菜单也别出心裁地采用旧时戏院才能见到的用以选择剧目的水牌风格样式，盛装褡

褡裢火烧的盘子形状也十分特别，形似瓦片，均是精心定做的。来此用餐的人时刻都能感受到那股浓郁的京味儿。

吃一口褡裢火烧，就能感受到老北京的百年世情，这味隐匿在胡同深处的精品小吃，就像是"犹抱琵琶半遮面"的娇羞少女，即使无比低调，也能名扬京城，正所谓"酒香不怕巷子深"，以褡裢火烧的美味和名气，即使久居深巷，凭着良好的口碑和正宗的风味，足以屹立于北京名小吃之林中，更何况它历史悠久，沉淀了老北京百年的岁月沧桑，那股纯正的味道几乎是无法复制的，这正像老北京的文化，真实而毫不矫揉造作，饱经洗礼却更见风华，正可谓是"别是一番滋味在心头"。

2. 商业传奇：瑞宾楼的百年风情

褡裢火烧的由来可追溯到清光绪年间，创始人是来自顺义的姚春宣夫妇。姚春宣夫妇为了生计，在东安市场上设了个专营火烧的食品摊。两个人白手起家，又能吃苦耐劳，不过当时小吃业竞争激烈，要想让自己制作的火烧受到关注，还非得下一番苦功夫钻研不可。好在夫妇二人头脑活络，不是墨守成规的人，他们突破了传统火烧的品类，研究出了一种形似人们装钱褡裢的新品种，一经推出就吸引了食客们的眼光，人们对圆形的火烧早已司空见惯，这种褡裢形的火烧新颖独特，引得过客都想买一个尝尝鲜。再加上火烧外形酷似储钱的褡裢，有招财进宝之意，十分吉利又蕴含着美好的愿望，当然更会激起顾客的好感。

然而火烧只有吸引眼球的外观是远远不够的，耐看只能使人在好奇心的驱使下购买几次，新鲜感一过，就会失去顾客群。为此姚春宣夫妇在改进火烧的制作工艺上倾注了不少心血，才使得这种新品种的火烧在小吃市场上占据了稳定的份额。姚春宣夫妇做的火烧不同凡响，制作技法非常讲究，首先火烧馅料所需的猪肉肥瘦比例恰到好处，多一分油腻，少一分不香，肥肉瘦肉以合适的力道切剁成米粒状，这是非常考验刀工的，然后添加葱姜碎末调味，放入清水搅拌至粘稠状态。制作火烧面皮也是有很高要求的，先以温水和成软硬适中的面坯，擀成薄皮，包好馅料，捏成褡裢状的长条形，然后摊到饼铛里油煎，待两面金黄时出锅。刚出锅的火烧色泽金黄，乍看上去好似金光闪闪的褡裢，非常喜庆，入口时外焦里嫩，香味浓郁，令人食欲大开。顾客们吃完后，纷纷对这种新型的又好看又好吃的小吃赞不绝口。不少人经常光顾姚春宣夫妇的食品摊，姚春宣夫妇渐渐有了稳定的客源，生意越来越红火。

褡裢火烧毕竟是油煎食品，又是以肉馅为主，吃多了会感到油腻，姚春宣夫妇又想出用鸡血和豆腐条制成酸辣汤来搭配这味小吃，酸辣汤不但可以去荤腥、清肠胃，而且丰富了小吃的口味，使褡裢火烧变成了酸辣鲜香俱全的一道风味美食。尤其是在寒风凛冽的冬季，吃上几个褡裢火烧，喝上一碗热腾腾的酸辣汤，全身涌起一股暖流，恍若春风拂面，暖融融的，舒坦极了。

姚春宣夫妇的褡裢火烧越卖越好，两个人从一无所有到小有积蓄，日子越过越滋润。随着顾客的增多，褡裢火烧出现了供不应求的现象，扩大经营规模迫在眉睫。夫妻二人于是索性开起了一家专营褡裢火烧的食品店，取名为润明楼。随着年龄的增大，夫妇二人经营起来有些力不从心，遂把褡裢火烧的厨艺手把手教授给了子女，心想食品店早晚都是要让后代继承的，他们该适时放手了，或许后浪推前浪，

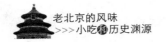
子女能把店铺经营得更有起色，让姚家一跃成为商贾巨富也未可知。

孰料后代接手润明楼后，由于经营管理不善，致使店铺门庭冷落，生意渐渐冷清，最后被迫关门大吉了，姚春宣夫妇的所有心血付诸东流，曾经名噪京城的褡裢火烧险些失传。好在店铺在倒闭前，雇佣了两名精明的伙计，如今人们之所以能吃到美味的褡裢火烧，皆是因为他们的功劳。

这两名伙计分别叫作罗虎祥和郝家瑞，早年在润明楼任职时，两个人一直兢兢业业地在厨房里工作，把褡裢火烧的制作工艺的每个步骤都烂熟于心，润明楼关闭后，两名伙计也随之失业了，然而两人毕竟已经掌握了精湛的手艺，遂易地到门框胡同东山再起，自己开起了饭馆，取名为祥瑞饭馆，如此褡裢火烧的制作方法才得以传承下来。

公私合营，祥瑞饭馆划归国有，改革开放后，正式更名为如今的瑞宾楼。

第十二章

薄　　脆

舌尖记忆

◎吃到嘴里会发出"嘎吱嘎吱"的响声，旁侧的人听到了就会觉得很香很香，忍不住也想尝尝，这样的薄脆肯定是非常好吃了。吃一块香到骨子里，再吃一块，脆爽得无法形容，继续品

尝，口感还是那么干脆直接，每一口都带着独特的香气，那股纯粹劲儿别的吃食是比不了的。

◎薄如蝉翼的饼，对着阳光举起，穿过的光线映出斑驳的美感，它承载了悠悠岁月，记录了几代人的童年回忆。这新鲜的香脆小食总是让满大街飘香，闻到香味等不及太久，买来便尝，吃一口脆到落渣，喷香喷香的，好吃得不得了。

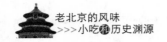
1. 香脆诱人的薄饼

薄脆，顾名思义，即看起来薄吃起来脆，仅仅简练的两个字，就涵盖了其形态和口感。薄脆实际上是一款薄如棉纸的油炸小吃，它几乎可以薄到透明，然而却薄而不碎，酥脆飘香。在 20 世纪三四十年代，老北京人购买炸油饼的时候，经常搭配着薄脆吃，薄脆是人们非常喜爱的早点之一。

薄脆又香又脆，而今卖煎饼的常在煎饼里夹些薄脆，使其与绵软的煎饼，在口感上形成鲜明的对比。薄脆现做现吃味道更佳，但是由于过分耗费时间和精力，虽然现在市场上仍在售卖，但常常出现供不应求的现象。所以，对于酷爱吃薄脆的朋友来说，最好掌握制作薄脆的方法，这样就不用为不能随时买到薄脆而苦恼了。

首先要把明矾、精盐、碱面用木槌研化，加入面粉和温水和成面团。然后将面团放在面板上按平，横竖各折叠三次，置于面盆中，盖上一层湿布，6 小时以后面团变软了，将其擀成八分厚的面块，在上面涂上花生油，切成面剂，将面剂向周围拉伸，做成长度为一尺、宽度为六寸，四周厚中间薄的面片。用刀尖在面皮上随意地划出许多小裂缝，提起面皮，放入热油里抖蘸几下，使其成形，中间部分要达到薄如纸片的程度，双手提起的时候，中间区域近乎是透亮的，甚至可以透过它视物。面片做得达到这种标准时立即将其下锅用小火油炸，至焦黄莹亮时小心盛出，轻轻放好，避免碎裂。

吃薄脆也是有讲究的，最好一个人吃一个，不要分食，这是因为它中间实在是太薄了，就算掰得再小心，也会弄碎一大块，还有可能掉下一大片，因此吃薄脆的时候不要和别人分享。此外，吃薄脆的时候，为避免有食物渣滓掉下，最好用手或其他盛器接着，嚼出脆脆的响声来，才能感受到它是名副其实的薄脆。

薄脆常见的品类为长寿薄脆、椰子薄脆、芝麻薄脆和风车薄脆四种。长寿薄脆的原料和制作方法大致与上述介绍相同，其色泽棕黄，薄如纸而不碎，酥脆可口，香而不焦，十分入味。

椰子薄脆的原材料为椰蓉、糖、鸡蛋，具体做法是将三种食材搅拌后，填入心形模具，然后取出放入烤箱烘烤15分钟左右即可，其特点是又甜又脆，有椰子的香味。

芝麻薄脆的制法是干锅热炒白芝麻，而后盛出放凉备用。将一枚鸡蛋打碎加糖搅拌。把低筋面粉、色拉油、白芝麻倒进鸡蛋中，搅拌成糊状。在烤盘上涂层油，然后把糊状物放到上面，摊成薄圆饼状。将其放进150度预热的烤箱的中层烘烤5分钟后，移到烤箱上层，待面糊呈金黄色时取出，口感无比酥脆。

风车薄脆的制法是先把马蹄的皮去除，再把它切碎。然后把切成段状的韭菜加盐搅拌均匀。将碎马蹄和韭菜加入备好的猪肉馅里搅拌。把做好的馅料均匀地平铺到春卷皮上，春卷皮的边缘处抹上鸡蛋液，再以另一块春卷皮覆盖在上面。为了避免食物在煎炸时出现膨胀现象，要在春卷皮上扎上刺孔。最后放入不粘锅内煎炸，待春卷皮两面均呈金黄色时，用油纸把过多的油脂吸去即可食用。

2. 薄脆的雅谈史录

薄脆早在宋朝时期就开始盛行了。宋代史籍《西湖老人繁胜录》

中就提及过"薄脆""宽焦薄脆"等词。宋高似孙所著的《纬略》第四卷生动地描绘了薄脆的形状和味道:"似孙昔奉祀攒陵,得牙盘食,有所谓薄饵,状如薄脆,而甘脆特甚。"说明薄脆是一种酥脆甜香的小点心。

明代以后,薄脆成为了一种广受欢迎的名点,明人胡侍在《真珠船》中写道:"宽焦,即《武林旧事》所谓宽焦薄脆者,今京师但名薄脆。"阐明了宽焦和薄脆同属一物。《醒世姻缘传》中也有关于薄脆的描写:"叫人把那些盒子端到船上:二盒果馅饼,两盒蒸酥,两盒薄脆。"说明薄脆已经成为了十分普遍的一种小吃。

明清时期介绍烹饪的相关古籍如《饮馔服食笺》、《食宪鸿秘》、《调鼎集》都有记载过薄脆的制作方法,其具体烹制做法为:"蒸面每斤入糖四两,油五两,加水和,擀开,半指厚,取圆(即圆形面片)粘芝麻入炉。"当时薄脆的制法尚不复杂,耗费的时间也不是很多。

《北京琐闻录》记载过康熙到忆禄居品尝薄脆的故事,其情节是:有一日康熙帝微服出宫游览圆明园,途经西直门广通寺,只见路边有个叫忆禄居的茶馆,便想到茶舍歇歇脚,顺便品茗和吃些小点心。当时忆禄居售制的特色食品是大薄脆,康熙便买来尝鲜。这大薄脆果是不同凡响,薄若蝉翼,入口酥香,嚼之爽脆,其味其形都妙不可言,真是此物只应天上有,人间能得几回闻。康熙吃了几口,便赞不绝口,回宫以后还在回味大薄脆的美味。

对于一代堂堂帝王来说,将民间美食纳入御膳房食单是何其容易的事,只要一道谕旨把选中的美味列入清廷御膳,以后便可随心所欲地享用。康熙甚爱大薄脆,便拟旨给忆禄居,让其定期进奉给自己品尝。忆禄居大喜过望,接过圣旨,隔段时间就将备好的又薄又香脆的大薄脆进献给宫廷的御膳房,如此一来,康熙帝的口腹之欲得以满足,忆禄居由于有了皇家贡品的名声很快变得闻名遐迩。

老北京素有"西直门外有三贵：火绒金糕大薄脆"，可见大薄脆在北京小吃中占据重要地位。前两种小吃目前已经无法考证，唯有忆禄居的大薄脆，载誉京城两百余年。此种薄脆不同于普通的薄脆，是以香油煎炸而成，口味有甜、咸两类。烹制过程中，火候把握得恰到好处，炸出来的薄脆香脆利口，名动整座北京城。后来人们用大薄脆取代忆禄居来称呼这个茶馆，大薄脆也就成了茶馆的标志。

多年以后，我国著名作家霍达也在自己的小说中写到了薄脆这款风味小吃，如"俩人每人啃着一张薄脆，倚着垂华门，你看我，我看你。""妹妹，薄脆好吃吗？""好吃，这是我吃过最好吃的东西！"

童言无忌毫不掺假，在孩子眼中薄脆是老北京最美味的小吃，足以说明薄脆确实令人垂涎。

现在的薄脆多是卷入煎饼中食用，北京有一种叫作煎饼果子的寻常小吃，有时加油条，有时加薄脆，薄脆极少以一种单一食品的面貌出现在市面上，而是搭配着其他食品一起出售。对于喜好薄脆的食客来说，吃起来似乎有些不过瘾。论香脆的口感，薄脆不输薯片，但是供应量却无法与薯片相提并论。喜食薄脆，可以在家里自行制作，随做随吃，既能享受美味，又能体会劳动的乐趣，吃起来更会格外香甜。

第十三章

蜜 三 刀

舌尖记忆

◎非常喜欢在唇间放上一
小块蜜三刀，十分珍惜地咀嚼，
细细地品味，体会那份独特的
温软和蜜甜，那是幸福的滋味，
蜜色的，芬芳的，绵甜不绝，任
蜜汁流淌在记忆里和心灵里，
任何时候都感到欢欣雀跃。

◎在我的印象里，蜜三刀的包装是一个长方形的硬纸盒，裹着黄
纸贴着红色的标签。打开漂亮的盒子，只见这金黄剔透、沾满糖浆的
点心上面有三道刀痕，沟壑处撒着密密的芝麻，仿佛夜空中闪烁的繁
星。这耐看又香甜的糕点还未入口，心已经融化了。咬上一口，这蜜
三刀果然是甜甜蜜蜜的。

1．甜润软糯的蜜点

老北京最甜的点心莫过于蜜三刀，蜜三刀油炸之后，又在浓浓的糖浆里浸透了，裹上一层晶莹剔透的蜜汁，泛着好看的金黄色，表面上还沾满了密密的芝麻，让人一看就馋得口水直流。深深一嗅，饴糖香甜的气息和面香、芝麻香迎面扑来，直抵肺腑。轻轻地咬一口，外酥里糯，甜到极致，那软滑的透明的饴糖徐徐地进了喉咙，甜腻之感连绵不绝，顿时荡气回肠。

蜜三刀外形美观，甜香诱人，名字也极为有趣，两层面皮裹夹着饴糖，每小块都划了三刀。乍一听去，这名字不禁让人浮想联翩。蜜是甜的，温柔缱绻，刀是尖锐和锋利的，冷峻刚毅，两种事物本是不搭，但凑在一起却生出一股侠骨柔情的感觉来，缠绵与决绝并举，如外柔内刚的佳人，表面纤弱娇媚，内心却是无比坚强；又如有傲骨的文人，看起来是斯斯文文的，温和似春风，但在关键时刻却表现出铮铮的铁骨和不屈的品格。

蜜三刀的形态和味道亦是如此，延绵的浆丝、透亮的金黄面皮给人的感觉当然是美好和甜蜜的，它就像琼浆浇灌过的精美艺术品，一块块闪着夺目的光，漂亮得让人窒息。吃起来甜到入心，良久之后齿颊还留有余香，总之观赏和品尝这道小吃都是满满的享受。但是它的美却历经了刀山火海的历练，是在灼热的滚油里、黏稠的糖浆里和冰冷的刀锋下磨砺出来的，这惊心动魄的过程怎能不让人感叹呢？

要想真正了解蜜三刀，最直接的方法莫过于亲自动手制作了。蜜

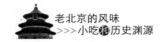
三刀有两层面，即"里子面"和"皮子面"，制作时先把四分之一的面粉加入适量饴糖和水，和成面团，发成酵面即成"皮子面团"。将剩下的面粉加水揉成"里子面团"，面团揉至柔软光滑为宜。

把两个面团放在案板上醒一刻钟，用擀面杖把面团擀成面片，皮子面团擀成两块长方形的面片，即成"皮子面"，把里子面团擀成大小与皮子面相等的一块面片，即成"里子面"。把里子面夹在两块皮子面中间，使两者成为一体，将其擀成0.8厘米厚的面片，然后切成宽度为2厘米的长条，再把长条切成若干长为3厘米、宽为2厘米的长方块，在每个小方块上划下三刀，深度要把握好，不可划穿面皮。

将小方块放进烧热的花生油里油炸，待其呈现出金黄色时盛出。在此过程中，可用小火加热细砂糖、水、麦芽糖等，各种糖类溶化沸腾冒出泡沫后，糖浆就熬制好了。把油炸的蜜三刀沥干油后，马上浸入热糖浆中，待其均匀地沾上一层糖浆后，取出装盘，撒上芝麻晾凉，第二天食用味道更好。

蜜三刀入口软糯香甜，浆亮而不黏，芝麻香味浓郁，所裹的饴糖是大麦等粮食经发酵糖化而制成的，具有止咳止痛、益气补脾的功效。常吃蜜三刀不但可以尽情享受这款甜点，还能起到保健的作用，在大饱口福的同时，又能提高自己的身体机能，岂不是两全其美吗？

2．苏东坡试宝刀与苏北三刀糕点

相传蜜三刀起源于徐州，名字是苏东坡取的。北宋年间，苏东坡在担任徐州知州时期，和归隐云龙山的张山人结下了深厚的友谊，一个是洒脱不羁的文臣，一个是闲云野鹤般的居士，两个人相投意合，常常把酒论诗，谈古说今，似乎有不尽的话题。

一日，苏东坡和张山人正在放鹤亭中品酒吟诗，酒过三巡，苏东坡兴致极高，突然拔出一把新得的明晃晃的宝刀，挥刀对着饮鹤泉井栏旁的青石猛劈了三下，在石上砍出了一道道深邃的凹痕，宝刀却无半点损伤，这刀果真是削铁如泥、无坚不摧。苏轼正得意之际，侍从端来刚做好的裹蜜的甜点送上，这糕点黄里透亮，甜得咂舌，没有名字，张山人便请苏东坡为这款蜜制糕点取名。

苏东坡只见这糕点色泽金黄，油润莹亮，每块上面都留有三道浮切的刀痕，随口便说："不如就叫蜜三刀吧。"这无名点心经苏东坡命名后，名声大噪，蜜三刀借着苏东坡的名气一跃成为整个徐州城里的名点，城中大大小小的茶食店竞相制作蜜三刀，数百年畅销不衰。徐州的蜜三刀制作工艺已经达到登峰造极的地步，徐州人由于崇尚苏东坡，对蜜三刀一直钟爱有加。到了清代，乾隆帝下江南途经徐州时，久闻蜜三刀美名，遂派人到百年老店购买一些给自己品尝，吃过之后，甚为欢欣，御笔疾书"徐州一绝，钦定贡。"几个大字。后来蜜三刀传入京城，成为老北京的一道蜜制甜食。

蜜三刀名称由来还有另一个版本的解释：由于糕点表面都划有三道刀痕，故而得名。三刀是苏北人的甜点，据说旧时苏北人和苏南人经常切磋面点制作工艺。苏南人擅长制作董糖，苏北人最拿手的点心就是三刀。然而两个地区的面点师傅都各怀私心，不肯把自家的绝活传给外人，因此在很长的历史时期，只有苏北人掌握了制作三刀的方法，其中尤以徐州做的三刀最为知名。三刀棱角分明，金黄透亮，外面裹着密密的白芝麻，甜香松软，传承数百年，还是原来的味道。由于口感蜜甜袭人，人们便把三刀称为蜜三刀。

有关蜜三刀名字的由来，前一种解释更富传奇色彩，流传也更广，人们基于对苏东坡的敬爱之情，将他的故事和不少美食联系在一起。但从历史的角度来看，苏东坡一介文人不太可能有收藏宝刀的癖好，而且借着酒劲挥刀砍石也不符合他的个性，因此这个民间传说极有可能是杜撰出来的。第二种解释更为符合实际，蜜三刀的名字应该是因为糕点表面浮切的三道刀痕而得名。

第十四章
蛤蟆吐蜜

◎热腾腾的蛤蟆吐蜜，面皮香韧有咬劲，内馅甜糯爽口，尤其是挂在边缘处的豆沙，甜味更浓，吃一口甜到牙齿打战。

◎吃蛤蟆吐蜜是件非常有趣的事，它样子有几分滑稽，

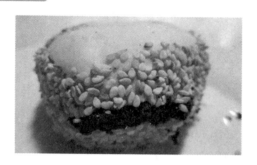

像一只长着大扁嘴的蛤蟆，吃的时候让自己的嘴张得比它大，仿佛比赛似的，一口咬住它的大嘴，那流蜜的馅一下就滑入了喉咙，真是甜香沁人。

1. 喜感十足的豆沙烧饼

蛤蟆总让人联想到一些贬义的词语，诸如"井底蛤蟆""癞蛤蟆想吃天鹅肉"等，蛤蟆不如披绿装白肚皮的青蛙讨喜，光是满身的赖包就足以让人避而远之。不过不是所有和蛤蟆相关的东西都让人厌烦，

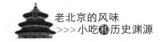
比如老北京的名小吃蛤蟆吐蜜吧，在京城可是颇受青睐，看来凡事还是有例外的。

蛤蟆吐蜜能让人另眼相看，势必与众不同，它又称豆馅烧饼，和一般烧饼最大的区别是它那富有喜感的形状，其馅料主要是红豆沙，在烤制过程中，烧饼边缘处自然裂开一个大口子，真像蛤蟆张着大嘴傻笑，棕黑甜蜜的豆沙喷吐而出，挂在烧饼边上，一副喜笑颜开的样子。圆圆的白白的面皮上散布着无数粒白芝麻，像极了蛤蟆身上的小包。如此看来，蛤蟆吐蜜这个名字是再生动形象不过了。

千万别小看了它的大裂口，要做到自然崩裂非得掌握特别的技艺不可，这种形似蛤蟆开口大笑的烧饼不是随随便便就能烤制出来的。据说，一只蛤蟆吐蜜所需的工序就有二十多道，可见过程之烦琐和复杂。

首先必须选用上好的红豆，煮烂去皮做成豆泥，加入白糖、玫瑰酱和香精搅拌均匀，制成馅料备用，如此才能保证甜腻馨香的口感。然后用温水和面，添加酵母粉揉成面团，醒一会儿，添入碱液揉好，搓成1厘米粗细的面条，再揪成约50克重的多个面剂，逐个捏成边缘略薄、中间略厚的圆形面皮，将豆沙馅料放进面皮，包成馒头状，擀成直径为6.5厘米左右的面饼，把4个圆饼叠在一起备用。用少量面粉添水调成稀面糊，把叠在一起的4个圆形面饼裹上一层面糊，密密地沾上一层芝麻，烧饼生坯就做好了。

把生坯放进烤炉里烤制3分钟，豆沙馅在热力的作用下迅速膨胀，使面皮边缘处自然崩裂，涌出棕黑色的馅料。刚刚烤好的蛤蟆吐蜜外皮酥软而不焦，馅料入口甜糯，边缘处的豆沙有一点焦煳，又香又甜，味道非常特别。食客们十分喜欢吃这种翻吐出来的豆沙，一口下去，比蜜糖还甜。此类香甜爽口、豆香浓郁的烧饼在烧饼品类中也是极其少见的。早年烧饼品类繁多，馅料无比丰富，而今大部分制作工艺已经失传，其品种已经所剩无几了，万幸的是如蛤蟆吐蜜这类传统小吃在一些小吃店里还是可以买到的。

2．千古烧饼，偶得蛤蟆吐蜜

蛤蟆吐蜜事实上就是裂口的豆沙馅烧饼，烧饼作为老北京的传统小吃，历史久远，它是由波斯传入西域，又由出使西域的班超传入中原的。《续汉书》说汉灵帝非常喜欢吃胡饼，胡饼就是早期的烧饼，是由西域的少数民族创制的。北魏贾思勰在《齐民要术》中详细记载了烧饼的制作方法。

到了唐朝，烧饼就更为流行了。据史书《资治通鉴》所载，安史之乱爆发后，唐玄宗携杨贵妃一路逃往咸阳集贤宫，在食不果腹的情况下，宰相买来胡饼进献给他们充饥。遥想当年唐玄宗为博得美人一笑，不惜让人快马加鞭不远千里送荔枝，落难时却只能吃胡饼果腹。不过境况还不算太糟，因为胡饼也算是一款美味的小吃。

当时最富盛名的胡饼产自都城长安的辅兴坊，白居易还特地为其写过一首咏物诗："胡麻饼样学京都，面脆油香新出炉。寄于饥馋杨大使，尝香得似辅兴无。"胡麻饼是用清粉、清油、碱面和入发酵的面团，揪成面剂，裹上糖和芝麻烤制而成的，口感正如白居易所说"面脆油香。"咸阳的胡饼自然不能和长安城的胡麻饼媲美，但是唐玄宗和杨玉环在饥肠辘辘之下还能品尝到这种风味小吃，想必也是很满足的。

宋人陶谷所著的《清异录》有这样一段记述："僖宗幸蜀之食，有宫人出方巾包面粉升许，会村人献酒一提，偏用酒浸面，敷饼以进，

嫔嫱泣奏曰：'此消灾饼。'乞强进半枚。"讲的是唐朝末年，黄巢率领农民起义军兵压都城长安，唐僖宗惶恐之下匆忙出逃，路上没有东西可以吃，宫女就用从皇宫携带的面粉，和着从百姓家里讨来的酒做成面食，在锅内煎好后又放在炉中烘烤，然后呈献给唐僖宗食用，并哭泣着说这饼是消灾饼，吃了便可消灾免祸。唐僖宗才肯勉强吃了半块。消灾饼的制作方法和现在的火烧大致相同。

说起烧饼的掌故，就不得不提一下刘伯温所作的《烧饼歌》，其文写的是有关天下大事的预言，为何以《烧饼歌》命名呢？相传，在明洪武元年（1368）的一天早晨，明太祖朱元璋正在大殿里吃早餐，咬了一口烧饼，刘伯温就来进见。朱元璋想要测探一下刘伯温的才学，便把缺了一口的烧饼放在碗内，然后传令面见刘伯温。

刘伯温进入大殿后，朱元璋问："素闻爱卿上知天文下知地理，且神机妙算，你可知碗内是何物？"刘伯温掐指一算，回答说："碗内之物一半似满日，一半似缺月，曾经被金龙咬下了一块。"朱元璋心中不免惊叹。刘伯温又接着说："此为烧饼是也。"朱元璋见刘伯温说出了答案，更加佩服他的为人，于是虚心向其请教明朝之后的国运兴衰，刘伯温遂创作了预测华夏命运的千古奇文，也就是烧饼歌。

我们已经知道烧饼由来已久，那么蛤蟆吐蜜是怎么来的呢？为什么要发明这种裂口的烧饼呢？其产生过程很可能和冰裂纹瓷器属于异曲同工。蛤蟆吐蜜也许最初是一种残次品，最后演变成新款美食推出。旧时，烧饼铺面林立，行业竞争异常激烈，馅大皮薄的烧饼口感更好，所以较为畅销，于是面皮就越做越薄，烘烤时难免出现失误。一次，某个做豆沙烧饼的师傅在烤制时，出现了面皮胀裂的情况，滚热的馅料从外皮的边缘处露了出来，那位师傅本想把烧饼当作废物处理掉，又觉得十分可惜，便打算自己吃掉了事。吃了几口，发现裸露在外的馅料特别酥软香甜，还透着股浓浓的焦糖味，比平日做的豆沙烧饼要好吃百倍。

后来那位师傅有意把烧饼烤裂，让棕黑的豆沙馅翻吐出来，并在市面上出售。他还给这种新式烧饼取了个形象的名字，叫作蛤蟆吐蜜。顾客们对这种露馅烧饼倍感新鲜，纷纷购买品尝，吃完后觉得比寻常烧饼口味更胜一筹，经过口口相传，购买的人越来越多，蛤蟆吐蜜就顺理成章地成了京城市井有名的小吃。

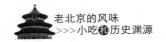
第十五章
茯 苓 饼

◎儿时的记忆中，茯苓饼的包装是一个大红的盒子，上面写着"茯苓夹饼"四个字，打开盒子，一股好闻的香味飘进鼻子，那饼薄如纸张，洁白如雪，中间是夹心，散发出果仁、瓜子香气、桂花、蜂蜜的甜香。我总是不忍心破坏它精致的外观，但又情不自禁地将它轻轻捧起放入口中，白白的小饼入口即化，无比甜香清爽，这小吃是何其特别啊！

◎我最爱吃老北京的茯苓饼了，圆圆的小饼被薄薄的像纸样的外皮包裹着，用两个指尖小心地撕下一小片放进嘴里，似乎有雪片落在了舌上，瞬间就融化了，带来丝丝的甜，却不腻，咀嚼起来口感非常好，绵绵的又夹着果仁和桂花的清香。

1. 洁白赛雪的滋补品

茯苓饼是老北京滋补性的传统名点，由于饼皮酷似中药中的云茯苓片而得名，它是用茯苓霜和优质面粉制成的薄饼，夹馅是各种碎果仁、蜂蜜、砂糖做成的，形状犹如一轮满月，洁白如天上的飘雪，薄似纸张，味道甘美馨香，风味甚佳，是适于经常食用的保健食品。

自古以来，茯苓便属于高级滋补食品，又是一种上好的药膳。《神农本草经》将它列为上品，指出它具有"久服安魂养神，不饥延年"的功效。注重养生的豪门贵胄和官宦家族尤其喜欢服食茯苓。据《史记》所载茯苓又称松苓、伏菟，是担子菌纲，多孔菌科，是生在松科植物赤松或马尾松根上的一种药用野生植物，其中产自云南的云苓是最佳的茯苓品种。《本草正》称："若以人乳拌晒，乳粉既多，补阴亦妙。"

据史书所载，唐朝时民间就已经出现了用茯苓制作的茯苓酥和茯苓饼两种滋补食品。北宋苏东坡非常喜欢吃茯苓饼，还经常自己制作此饼，并在《东坡杂记·服茯苓赋》中详细介绍了茯苓饼的制作方法和功效："以九蒸胡麻，用去皮茯苓，少入白蜜为饼，食之日久，气力不衰，百病自去，此乃长生要诀。"据说苏东坡由于喜食茯苓饼的缘故，年过六旬依然精力旺盛、记忆力极好，身体康健无病痛困扰。自幼体质虚弱、常常卧病的苏辙，每日服食茯苓，坚持一年后就恢复了健康，他称茯苓："解急难于俄顷，破奇邪于邂逅。"

南宋的《儒门事亲》也记述了制作茯苓饼的方法："茯苓四两，白面二两，水调作饼，以黄蜡煎熟。"这种黄蜡煎的茯苓饼味道不佳，可

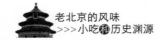
见当时茯苓饼在膳食中充当的是滋补品的角色而非美食的角色，人们爱吃茯苓饼大都是为了强健体魄、益寿延年。

到了清朝初年，有人提出糕点当以绵松为佳，饼越薄口感越好，这一主张得到了广泛的赞同，于是市面上的饼变得越来越薄，乾隆年间孔繁台家所制作饼"薄若蝉翼，柔腻绝伦"，秦人做的西饼也是薄得惊人。清代贵族仍喜欢服用茯苓补身体，《红楼梦》中第 60 回提到了服用茯苓霜的方法，即用牛奶和沸水冲食，每日早上起来吃一盅，滋补效果最好。这说明曹雪芹对茯苓这种补品非常熟悉，不过它尚没有进入风尚小吃行列，茯苓饼相较南宋而言可能变化不大，其口味着实让人不敢恭维。后来人们在茯苓饼中间夹了以核桃仁、松子仁、瓜子仁等香料和蜂蜜做成的甜馅，取名为"封糕"，茯苓饼在口感上才有了根本性的提升和改变，茯苓也不再单纯是一种补药，而成为了食品的原料。

这种茯苓饼形美味美，雪白圆润，甜香怡人，还有股桂花香味，富含蛋白质和多种维生素，具有美容养颜、安神益脾、滋养肝肾和润肠之功效。目前，北京有多个厂家生产茯苓饼，但市面上的产品很多都改变了风味，甜馅变成了果冻状，口感大不如从前，对于喜好吃茯苓饼的朋友，最好自己掌握制作方法，其实茯苓饼烹制起来并不太难。它主要是用淀粉做面皮，精选果仁为夹心，加入桂花、蜂蜜、白糖和纯正的茯苓粉做成的。

其具体制作方法是：用茯苓粉、淀粉和面粉调成糊状，稠度略高于豆浆即可。把烘模在炉上加热，里面涂上一点油，加入少量面糊后即可合拢几秒钟，将面糊压制成薄薄的圆饼，开启模具，烘熟即成饼皮。如果家里没有模具，可将面糊放在锅中摊成圆饼状即可，也可把面糊置于圆形的器皿中放进微波炉中加热。然后把蜂蜜和砂糖熬熔，把剁碎的各种果仁和桂花加入糖浆中搅拌均匀，即成夹馅。把馅料放在两张饼皮中间便可成型。注意面皮不可以弄焦，要保持其洁白的颜色，甜馅不要铺得过满，边缘处要留1厘米左右的空隙。

2. 清宫膳食故事：茯苓饼祛病又延寿

茯苓饼甘美，有清香之味，而且长期食用可祛病延年，曾一度被列为清宫御膳房里的点心。可不要小看了这小小的甜饼，它的功效甚为神奇，不但有安神、益脾、利水、渗湿等功能，还能治疗失眠、心悸、水肿等多种疾病。

相传康熙年幼时得过天花，幸运的是他逃过一劫，慢慢地痊愈了。在古代，天花是不治之症，死亡率极高。康熙虽然与死神擦肩而过，但大病初愈身体羸弱不堪，尤其是脾胃失调，健康状况每况愈下。太医们认为康熙年纪尚幼，生天花时服药过多，此时再吃药和进补不但没有益处，反而会损伤身体。眼睁睁地看着康熙身体越来越虚弱，恐是难以调养好，太医们心中焦急，多次会诊研究，却无计可施。

孝庄皇太后非常疼爱康熙这个小孙子，对太医的无能感到十分恼火，正欲下诏责罚他们，侍女苏麻喇姑献策说听闻江南有位精通儿科的名医，医术非常高超，何不召进宫来让他给康熙医病。太后听后，脸色稍缓，便命苏麻喇姑宣旨召江南名医进京。很快，那位医术独到的老中医就奉召而来，为康熙诊治，经过望闻问切的诊断后，他只开了一味药——茯苓，并强调必须是产自云南的野生茯苓。太医们和御厨们商议后，用茯苓粉添加了些面粉和蜂蜜制成了甜点，康熙早就厌倦了苦口的良药，听说眼前这精巧的点心就是药方，开心得不得了，

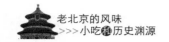
每天都坚持食用。茯苓饼绵香可口，还有股清甜味，康熙很喜欢食用，吃了一段时间后，脸色红润起来，精神也饱满了许多，他恢复健康后又开始读书习武了。太后感到十分欣慰，重重赏赐了那位名医，留他在宫中监制茯苓饼，茯苓饼由此成为北京名点。

茯苓饼不但可滋养身体，还具有养颜益寿之功效，尤其适合女性滋补，慈禧就非常喜欢吃这种小圆饼，其养生药方中使用率最高的就是茯苓，其次是白术、当归。慈禧能活过古稀之年，且驻颜不错，很大程度上与长期食用茯苓饼有关。关于慈禧和茯苓饼民间还流传着两则传说故事。

相传慈禧晚年时常心脏疼痛，在香山行宫疗养时，心情倍加郁结，白天担惊受怕，夜里难以成眠，唯恐自己死期将至。御医多次为其诊治，名贵药材都用遍了，慈禧的病情却丝毫没有好转的迹象。有人建议她向法海寺老方丈求药，传闻那老方丈已有 99 岁，被称为"老寿星"，过了耄耋之年，仍然精神充沛、身体康健，每日打坐参禅、练功，入山采药，常以松子为食，还自行制作小圆饼吃。这老方丈必是民间奇人，极有可能能治好慈禧的病。

慈禧贵为大清太后，哪里愿意屈尊求人，但是实在病得厉害，只好派人把老方丈召进香山行宫。老方丈向她进献了数枚自己亲手烹制的圆饼，让她服食。慈禧本想问药，却得到数枚点心，心中大为不悦，但是嘴上又不好说什么。老方丈离开后，慈禧将信将疑地吃了三枚圆饼，顿时感到精神好了许多。慈禧大喜，心想自己果真遇到了高人，又一连吃了三天小圆饼，心脏居然不痛了。这小圆饼竟然比灵丹妙药还管用，想必大有奥妙。不然自己的病痛怎么会突然一扫而光呢？

慈禧病愈后，心想这小圆饼必不是寻常物，能治病也能延年益寿，老方丈如此高寿可能就是因为常吃此饼，如果自己亲自拜访老方丈，既表达了谢意又能讨来长寿秘方，岂不妙哉？第二天一大早，慈禧带着侍从前往法海寺拜见方丈。刚走近寺庙大门，就闻到阵阵奇香。她不让随从声张，兀自走进了老方丈的禅房，只见老方丈正在制作小圆饼。老方丈见太后亲自躬身来访，急忙接驾。慈禧先是客套地寒暄了一番，才转入正题，询问小圆饼究竟为何物。老方丈回答说："人生在世难免被疾病所累，常吃五谷百草便可平安康健。这小圆饼是老衲用山间的茯苓做成的，叫'茯苓饼'，可养生祛病，延年益寿。"说完，他把自己从山上采来的茯苓拿给慈禧观看，慈禧看完后赞叹不已，把这味中药的样子记在了心里。

慈禧回到北京后，召集太医和御厨，令他们依法制作茯苓饼，宫廷茯苓饼很快就出现在了慈禧的面前。慈禧从此经常食用此饼，心脏疼痛再也没犯过，白发也奇迹般地转黑了，仿佛真是返老还童了。由此，茯苓饼身价倍增，成为清宫御膳名点，传入民间后成为名扬京城的一道小吃。

另一则版本的故事是：相传，有一次慈禧得了病，茶不思饭不想，御厨们和太医们商议后，用产于云贵一带的茯苓研磨成粉加入淀粉做外皮，辅以松仁、桃仁、桂花、蜜糖等夹心，制成了一种喷香的薄饼。慈禧品尝后，甚为欢喜，于是常年食用此饼，还常赏赐给大臣们品尝。茯苓饼由此成为宫廷甜点，后来传入了民间。

据考证，带夹心的茯苓饼在清代中晚期才出现，康熙年间并无此饼，因此康熙所吃的茯苓饼和日后清廷名小吃茯苓饼是有很大区别的。以慈禧所生活的时代，她是可以常常吃到夹有甜馅的茯苓饼的，而且她平时的养生药方中茯苓所占比例最大，但此饼是向香山方丈求来的传说情节过于离奇，也不可能是真的。相较而言，第二个版本的故事更具有参考价值。

第十六章
油 炸 鬼

◎每天早晨吃油炸鬼成了童年最深刻的回忆，那时喜欢把油炸鬼掰开吃，味道就是一个"香"字，油炸鬼那金黄金黄的颜色，酥脆中带着油香，带来的诱惑力实在太大了，我刚吃完一根又忍不住吃一根，饱腹之后两脚生风，走路都是大步流星的。

◎过去油炸鬼当早餐是非常实惠的，配点米粥和烧饼，就能吃得饱饱的，那金灿灿的又大又脆的油炸鬼，吃起来油润酥香，吃完之后感觉非常尽兴。而今多年不闻油炸鬼的油香，但那段美好的记忆始终定格在我的脑海里，不曾因为岁月的流逝而淡忘。

1. 蓬松油润的面果子

老北京的油炸鬼，齐如山的《北京土话》解释为油炸果："果俗读成鬼，北方古音也。"旧时老北京粥铺里售卖的烧饼和油炸鬼统称为烧饼果子。成书于咸丰年间的《琐事闲录》曾对各地的油炸果做过梳理："油炸条面类如寒具，南北各省均食此点心，或呼果子，或呼为油胚，豫省又呼为麻糖，为油馍，即都中之油炸鬼也。"又有一说是源于油炸桧，《清稗类钞》记载过油炸桧这类食品："油炸桧，长可一人，捶面使薄，以两条绞之为一，如绳以油炸之，其初则肖人形，上二手，下二足……宋人恶秦桧之误国，故象形似诛之也。"由此推断油炸鬼在南宋时就已经出现了。

油炸鬼和油条十分相似，但又有细微的差别，徐世荣在《北京土语辞典》中详细地描写了它的形状："类似油条白面制成长圈形，两股重叠，滚油炸到酥脆……"这种椭圆状的油炸果子是老北京人经常吃的早点。现在京城早点铺售卖的油条大概是新中国成立前后由天津传过来的，老北京人并不十分认可它，因为油条较粗，他们便称其为"杠子"。由于油条和油炸鬼太过类似，许多人已经分不清两者的界限，因此实际上两者早已混为一谈。

油炸鬼是金黄色的，两根连在一起，形状像黏在一起的筷子，只是视觉上更为蓬松柔软些罢了。很多老北京人都是吃着油炸鬼长大的，过去天刚蒙蒙亮，大街小巷就能听到卖油炸鬼的吆喝声："烧饼、油炸鬼！"刚出锅的油炸鬼闻着喷香，吃起来酥松香软，有韧劲，清晨吃根油炸鬼，喝碗豆浆或粥，全身暖暖的，立刻感到精神十足。那时的油炸鬼和现在的油条做法大致相同：面粉里放入适量的小苏打、明矾、盐，和成面团饧好，做成两寸长的条状，中间留空或者按出凹槽，也可划道口，用手抻一下面的两端，然后下锅油炸，为了让颜色和形状看起来更好些，可拿铁筷子在面中间撑开，而后翻过来炸，那样子像极了家鹅在釜中畅游，当时还有一段相声形容得十分惟妙惟肖："个

儿又大咧，面儿又白，扔在锅里漂起来，赛过烧鹅的油炸鬼儿咧。"

　　油炸鬼的制作成败关键在于蓬松感好不好，制作时把两片发面黏在一起，用铁筷子在中线处撑一下，手慢慢向两边拉伸，将其放下滚热的油锅时，面粉表面先受油炸而固化，发面由于受热而膨胀，由原来的扁平状加厚成柱形，经历一系列受热、膨胀、增厚的过程，最后变成了四方棱柱状，也就变得分外蓬松了。需要注意的是中间部分要黏得牢一些，否则就会分裂成单独的两根，表面固化后就蓬松不起来了。

2．世情民心：爱恨油炸鬼

　　据说油炸鬼最初的名字叫油炸桧，其得名与南宋年间的抗金将领岳飞和奸佞宰相秦桧有关。岳飞是一位军功赫赫的将领，也是一位胸怀报国之志的爱国词人，他那豪气万丈的《满江红》正气凛然、荡气回肠，尤其是那句"三十功名尘与土，八千里路云和月。"令人分外动容，他被主张向金国妥协求和的奸臣秦桧所害，其人生结局竟无情地印证了他那句有关功名的感叹，想来着实让人唏嘘。

　　岳飞的死在民间引起了强烈的反应。老百姓满腔义愤，愤愤不平，大家都为这位民族英雄惨遭杀害而沉痛万分，对秦桧更是恨之入骨。当时茶舍酒肆、大街小巷都在议论岳飞遇害一事。当时有个叫王二的在临安城的安桥河下卖芝麻烧饼。王二秉性纯良，为人老实忠厚，又嫉恶如仇。由于买烧饼的人多，过往的客人又纷纷在议论岳飞被秦桧夫妇设计陷害的事，他对这对卖国贼也是恨得咬牙切齿。但当时朝廷腐败、奸臣当道，老百姓只是私下议论，谁也不敢惹事，胸口都憋着一口恶气。

一日，早市刚散，王二又听人说起了秦桧害死岳飞的事，心中愤懑不已，便想找个方法戏弄一下秦桧，为老百姓出口气。王二冥思苦想，终于想出了一个办法，只见他在案板上揉了两个面疙瘩，三下两下就揉捏出了两个面人，一个是奸恶相，酷似秦桧；另一个是歪嘴刁婆，很像秦桧的妻子王氏。做好面人后，他举刀便朝秦桧面人的脖颈处砍去，还觉得不是太解气，又朝王氏面人的腹部劈了一刀。他心里仍是不够痛快，于是便把两个砍坏的面人重新捏好，背对背地黏牢，然后放进油锅里炸了起来，边炸边嚷道："大家快看油炸桧啦！"

路过的行人听到有人大叫油炸桧，都停下来凑热闹，没过多久，就把烧饼铺围了好几层，观看油炸桧的人一时兴起，有人高喊道："我要一对油炸桧。"他又冲着人群大声说："我想先揪掉他的头尝尝。"人群中立即迸发出一阵笑声。有人还说吃油炸桧可以泄愤解气。总之，油炸桧一问世，便让人感到大快人心。

后来王二卖油炸桧的消息传遍了整个临安城，不少人慕名赶到安桥品尝。王二的生意越做越火，摊位前总是排着长龙，为了节约捏面人的时间，他改进了制作方法，先揉好面团，再用刀切成许多扁平的长条，取其中两根，一根代表秦桧，一根代表王氏，中间压一下，把两根长条黏在一起，下锅油炸至蓬松状捞出，仍叫作油炸桧。老百姓非常喜欢吃油炸桧，因为这道食品既可以排解心中的愤恨，又可以享受到这物美价廉的美食，所以油炸桧很受欢迎。王二的油炸桧出名以后，临安城里出现了很多制作油炸桧的食品摊，后来这款油炸小吃逐渐传遍了全国。传到京城后，就变成了油炸鬼。

第十七章
肉末烧饼

◎正宗的肉末烧饼是两面黄、外圈白，外酥内暄有嚼头。它比一般的烧饼要小，剖开来看，里面的膛却很大，外层布满芝麻，烤得鼓鼓的，吃起来有股甜香味。肉末不油腻也不黏牙，炒得挺松散的，是和烧饼分开摆放的，需要自己把肉馅放进饼皮里，对我而言其他作料都是多余的，有肉末和烧饼两样就够了，简简单单的搭配即成一道老北京特色美食。

◎精细的白面烤制的饼皮覆着芝麻，入口香甜暄软，不曾添加过食用动植物油的肉末，是精心炒制而成的，吃起来格外干爽鲜美，两者合二为一堪称最美妙的组合。夏季搭配着一碗清凉解暑的绿豆汤，吃起来更为美味适口。

1. 酥香肉嫩的烧饼

肉末烧饼属于北京的传统风味宫廷小吃，也是满汉全席中的一道菜品，迄今为止已有 100 年历史了。单从名字上看，食客也能对这烧饼的样子猜上七八分，所谓的肉末烧饼，便是烧饼里夹着香喷喷的肉馅。其特点是外焦里酥，咸甜适口，肉末油润鲜香，厚味浓重。饼皮的面香味和醇厚的肉香味、浓郁的芝麻香味混合在一起，别有一番风味。焦黄的外壳覆满了密密麻麻的芝麻，好似嵌上了一粒粒小小的明珠，裸露的馅肉又为这道美食增添了诱惑，小小的一只烧饼给人的感觉竟是如此丰盛。

肉末烧饼形若圆月，象征着美梦成真，所以又叫圆梦烧饼。肉末烧饼包含着美好的祝愿，寓意健康长寿、仕途顺达，不但口感鲜美味醇，还有吉祥的寓意，因此深受老北京人的喜爱，被誉为老北京小吃中的极品，载誉京华数十载，赢得了良好的口碑。

烧饼不属于我国本土小吃，据说它是由波斯传入西域，之后又传遍中国各个地区的。烧饼制作简便，方便携带，味道也不错，很受古人推崇。三国两晋南北朝时期，烧饼成为风靡全国的面食。北魏的《齐民要术》中明确记载了它的制作方法："一斗面粉，加两斤羊肉，再加葱、豉汁、盐工艺比较讲究。"清代的《随园食单》也提到了烧饼的制作方法："用松子仁、胡桃仁敲碎，加冰糖屑、脂油，和而炙之，以两面黄为度，面加芝麻扣儿，得奶酥更佳。"说明古代的烧饼种类还是较多的，荤素皆有，制作都极为讲究，各种辅料也甚为齐全，口感自然上佳。

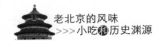

清宫的肉末烧饼显然属于荤馅烧饼，一定要趁热食用，热烧饼吃起来外酥里嫩，烧饼的甜香味和肉末的咸味交融在一起，不但没有因为味道的反差而使口味变差，反而赋予味觉以音律般的奇妙感，让人一吃便上瘾。

肉末烧饼制作起来有不少讲究，与市面上的烧饼做法不同，首先把发面和入碱面，放入适量白糖揉匀，再揪成很多大小相等的小坯子，把小坯子逐个用手按压成扁圆的小饼，而后揉一个小面球抹上些许香油，放在小圆饼中心处，用面饼把小面球包裹好，用手按压成5厘米厚的扁圆状的饼，在上面蘸上适量糖水，撒上芝麻仁，放进饼铛以炭火烤。

在饼里放上小面球是为了在食用时能顺利把饼掰开，往里面添加肉末。传统的肉末烧饼是炭火烤制而成的。由于用炭火烤烧饼成本过高，烤熟也较为耗费时间，所以也可用烤炉替代。两者口味相差不大，主要区别在于外观的颜色，炭火烤制的烧饼两面都是黄色，边缘有些发白，而炉火烤制的烧饼整个都是黄色的。

至于炒肉末的做法，清朝末代皇帝溥仪的弟媳爱新觉罗·浩在其所著的《食在宫廷》做过详细的记述："将猪肉切成末，青豆洗净切成末，再拌上葱姜末，一并在锅中炒熟，加酱油调制而成。"这种做法传说是慈禧想出来的。肉末烧饼曾一度为清宫名点，传入民间后，成为老北京的一款风味小吃。

2．梦中啖饼一晌贪欢

提及肉末烧饼的由来，民间一直流传着一个和慈禧有关的传说故事。慈禧非常注重享受，大半生享尽荣华富贵，在饮食方面更是十分讲究。她执掌君权长达半个世纪之久，自垂帘听政以来，方方面面都向帝王看齐，用膳自然也与皇帝类同。她私人的寿膳房足有8个院落，占用房舍108间，负责烹制日常饮食的厨子多达128人。只要她下令传膳，宫里的太监就会整齐划一地列队恭候，美食肴馔须臾工夫就摆上了餐桌。

按照清宫的规矩，皇家一日只吃早晚两餐，辰刻用早膳，午刻用晚膳，晚上享用些小吃。慈禧的正餐山珍海味、珍馐佳肴有一百多种，而晚上食用的小吃通常盛满四五十碗。慈禧用膳时，喜欢一个人尽情独享，什么好吃的让她看上了，侍膳太监就会把饭菜端到她面前供其品尝。

慈禧每天有吃不尽的美味，但仍欲壑难平，相传她做梦的时候还梦到自己在吃烧饼。她梦见的可不是寻常的烧饼，而是中间夹了鲜美肉末的独特烧饼，在梦里她吃得津津有味，边吃边连连赞叹。平素她皇家美馔应有尽有，可是总觉得世间还是有很多好东西没有享受到。在吃食上，她精益求精，从未满足过。这肉末烧饼不同凡响，浓浓的肉香溢满了整个屋子，慈禧一闻就有些沉醉了，吃起来更觉得鲜香满口，仿佛不是人间能做出的风味，可惜她还没吃够，就从美梦中醒了过来。

醒来以后，慈禧仍在回味梦中的肉末烧饼，梳洗完毕后，在用早膳时，恰好御膳房就做了肉末烧饼的早点。慈禧见到盘中的肉末烧饼，正和梦中的一模一样，心中大喜。按照旧时的说法，梦见吃烧饼意味着大吉大利，烧饼是圆的，象征着圆满幸福、功成名就和心想事成。慈禧昨夜梦见吃烧饼，早餐就恰好见到了烧饼，这是吉兆。慈禧心想也许是自己这么多年烧香拜佛，所以才出现了这祥瑞之兆，这肉末烧

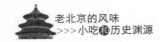
饼圆了她的梦，于是便称其为圆梦烧饼。

慈禧高兴之余，问这烧饼出自哪位御厨之手，当差的立即回答说做烧饼的御厨是赵永寿，慈禧一听，心情更加舒畅了，永寿便是万寿无疆的意思，这莫非是天意？慈禧当下召见了御厨赵永寿，赏赐给他20两银子和一根蓝翎。赵永寿自此由宫里一名普通的厨子晋升为有品级的御厨。

那餐早点慈禧吃得非常开心，盘里的肉末烧饼口味和梦里的如出一辙，她想这莫非就是自己万事顺利、心愿达成的征兆？越想越兴奋，此后就经常食用肉末烧饼。肉末烧饼就这样成了清代宫廷的名吃，后来此类烧饼流传到了民间，成为了一款深受大众喜爱的民间小吃。

慈禧梦见肉末烧饼的故事传说颇有几分离奇色彩，御膳房的厨子长年负责供膳，对慈禧的喜好自然是一清二楚，御厨们为了讨好慈禧，定是花费了不少心思。赵永寿能心有灵犀地做出慈禧梦里的肉末烧饼可能性不大，或许是慈禧在梦醒时对宫里的太监提到过梦见吃烧饼的事，而这位太监被渴望出人头地的御厨赵永寿买通了，及时把信息传达给了赵永寿，于是赵永寿就做出了肉末烧饼供慈禧品尝。慈禧当然愿意相信吉梦和吉兆，自然不会多想，所以这种人为安排的巧合就成了天意，肉末烧饼也就有了圆梦之意。

第十八章

饹 炸 饸

◎饹炸饸，是绿豆面做的，吃起来格外香脆，简直可以颠覆所有酥脆的想象，最难得的是还有股绿豆的香味，而今已经装在包装盒里当成礼品了。小时候吃过这小食品，长大后多年不曾品尝过了，现在偶尔见到心里怪惊喜的。

◎以前过大年几乎家家户户都要炸饹炸饸吃，那时民间流行着一句老话："馒头大发，饹合脆炸。"饹炸饸味道香浓，酥酥脆脆，老人和小孩都喜欢吃，自家人吃或是赠送给亲朋都不错。

1．美味可口的绿豆卷

饹炸饸又叫咯炸盒，名字通俗，叫起来也十分响亮，属于老北京的一种传统名小吃，历史比北京城还要古老。它伴随着京杭大运河的航运而生，诞生于运河源头的北京通州，历经千古岁月而

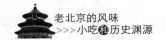

延续不休，并没有因为京杭大运河的衰颓而销声匿迹，反而风靡于京城，并日益兴盛起来。旧时饸炸馅是船工们的风味美食，它自然也伴着京杭大运河码头张家湾的船工度过了漫长的岁月，后来成为大众化的食品。

饸炸馅是以绿豆为原料，油炸而成的食品，属于煎饼的深加工品。我国有许多古籍史料对煎饼这种食品都有过记载。比如东晋《拾遗记》说："既同诣其家，二吏不肯上阶，全素入告，其家方食煎饼，全素至灯前拱曰：'阿姨万福'！"宋代李观有诗云："蜗后没后几多年，夏伏冬愆任自然。只有人间闲妇女，一枚煎饼补天穿。"《辽史·礼志六·嘉仪下》称："人日，凡正月之日，一鸡、二狗、三豕、四羊、五马、六牛，七日为人。其占，晴为祥，阴为灾。俗煎饼食于庭中，谓之'薰天'。"清代文学家蒲松龄还在《煎饼赋》中介绍了煎饼这道吃食并记录了它的制作方法。饸炸馅所用的绿豆据明代药物学著作《本草纲目》所载对人体健康是极为有益的，其文曰："绿豆解金石砒霜草木诸毒，宜连皮生研，水服，且益气，厚肠胃，通经络，无久服枯人之忌。"

其实，饸炸馅本属于粗粮细作的小食品，人们把挑好的绿豆浸泡后研磨成粉，加水调成浆，摊成薄如蝉翼的圆煎饼用缓火煎烙，然后在上面撒上些许香菜末和椒盐，卷成一个如花般的"豆饼卷儿"，切成寸段，下锅用慢火油炸，待炸透炸焦时捞出。按照传统制作工艺，饸炸馅工序有十多道，从精选绿豆、泡豆到磨粉成浆，再到煎炸，过程非常烦琐，光泡豆这道工序就需花费 6 小时时间。其中"晾收"和"油炸"对技巧要求很高，干湿度必须恰到好处，油炸的火候也必须把握好。

刚出锅的饸炸馅颜色浅黄，有如淡金，酥脆香醇，韧性十足，即便折上也不会出现断裂，咬一口咯吱作响，香味沁人肺腑。此外，绿豆有清肠胃、去火排毒的功效，还能有效降低血压和血脂，从养生的角度讲，饹炸馅具有相当不错的食疗作用。而今饹炸馅已成为京城颇受喜爱的美味小吃，样式也极大地丰富起来，醋溜的、烩饹的、炸饹的、炒饹的、糖醋的，各式各样，有一百多种，摆在餐桌上就成了色形俱佳的特色餐品，深受广大食客赞誉。

如今虽然饹炸馅变得更加多样化，但仍以绿豆为主要原料的饹炸馅在口感上还是延续了原来的传统，其添加的各种作料依然不改绿豆的原香，食之只闻咯吱声，瞬间就被这又薄又香又酥脆的美食征服了。现在饹炸馅不仅是家常小吃，还可用来招待朋友，国内外宾客都非常喜欢饹炸馅，这种香脆爽口的小食品既开胃又养心，至今在老北京流传不衰。

2. 民间过节餐，谐音为搁着

关于饹炸馅的来历，具体是何许人突发灵感创作的目前已无从考证了，但据说是起源于老北京通州一带。旧时寻常百姓家物质生活不宽裕，日子过得捉襟见肘，即使逢年过节也不能宰猪杀羊，很多人家一年到头也吃不上几次荤菜。然而老北京人还是比较达观的，从不因为过苦日子而唉声叹气，而是想方设法把日子过得更好些，苦中作乐是绝大多数人的心态。过节没有肉菜不要紧，群众的智慧是无穷的。于是有户人家想出了一个丰富餐桌的好主意，就是用去了皮的绿豆磨浆，在上面撒些花椒、香菜末和盐巴，然后放在饼铛里摊成薄薄的圆煎饼，再卷成大大的"豆饼卷儿"，

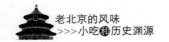
切段下锅油炸，炸得明黄酥脆，满屋飘香，咀嚼起来"咯吱咯吱"地响，吃上一口满口溢香。那年，创作这道美食的人家第一次过节有了丰盛的吃食，一家人热热闹闹地聚在餐桌旁，大人和孩子都吃得十分开心，他们嘴里有了滋味，日子也跟着有了滋味，生活似乎更有盼头了。

这户人家并没有独享这道风味美食，也许送过亲戚和乡邻，也许改行专门制作和售卖这道小吃，也许把手艺传给了更多的穷苦人家。总之，后来在通州地区，几乎家家户户都在吃饹炸饸，可见饹炸饸在当时是多么受欢迎。那时出现了不少走街串巷卖饹炸饸的小贩，也涌现出了一些加工制作饹炸饸的食品铺，饹炸饸在民间流行起来。

传说饹炸饸刚问世的时候是没有名字的。清同治年间，有位太监为了讨好慈禧，特地为慈禧准备了新鲜吃食饹炸饸，这种风味小吃源自民间，慈禧闻所未闻，味道十分独特，太监心想也许能赢得慈禧的垂爱也未可知。

慈禧用膳讲究排场，十分铺张，规格等同帝王，吃饭的习惯也和皇帝一模一样。清代的皇帝吃一道菜最多只能连续吃两口，无论饭菜多么美味，都不得破坏规矩，这主要是为了安全起见，以防有人知道了皇帝的饮食偏好，在他最爱吃的食物里下毒。慈禧太后用膳也从不连续吃三口，尝完一道菜之后，由侍奉的太监撤换下来摆上新菜。

当饹炸饸被端上餐桌时，慈禧一看，这吃食自己从未见过，便问道："这是什么呀？"太监回答道："还没来得及给它取名字呢，老佛爷您不妨先尝尝看，如果合胃口，就给它赐个名吧。"慈禧举箸尝了两口，表情既不惊喜也不厌烦，着实让太监摸不着头脑，他以为慈禧不喜欢吃饹炸饸，不免大感失望，这可是他精心准备的，然而慈禧不喜欢他也没有办法，只好将其撤换下来。孰料，慈禧不紧不慢地说了句："搁着吧！"太监马上住手，知道慈禧还没吃够，遂高兴地侍立在一旁，任慈禧享用饹炸饸。饹炸饸由慈禧随口的一句"搁着吧"而得名，在民间的身价也瞬间提高了。

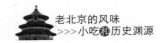
第十九章

春　　卷

◎春卷都是小巧玲珑的，一只直径 20 厘米的盘子可以装十多个，薄薄的春卷皮泛着微微的黄色，看起来很诱人，透着清香，冒着热气，细嚼起来脆脆的，内馅很有层次感，咸味适中，口感蛮好的。

◎餐桌上，新鲜的春卷就像尚未绽放的花骨朵一样，把春的气息一股脑儿卷进去了，咬下一口，春的滋味就从舌尖探了出来，那外脆内软的口感和鲜美的馅心，还真像初春那样清新宜人呢。

1．一卷不成春

立春吃春卷是我国的习俗，春卷又叫春饼、薄饼，是中国的传统风味小吃，历史非常悠久，由古代的春盘发展而来，据史料记载，春卷产生于东晋时期，兴于唐代。古籍《岁时广记》中称："在春日，食春饼，生菜，号春盘。"人们在每年的立春，都会用面粉做成薄饼装盘，再加上各种蔬菜食用，所以叫作春盘。当时人们不仅在立春吃春卷，到户外春游踏青时也随身携带春盘以备食用。晋周处《风土记》说："元旦造五辛盘。"对所谓的五辛盘，李时珍做过明确的解释："以葱、蒜、韭、蓼、蒿、芥辛嫩之菜杂和食之，谓之五辛盘"，意思是用五种辛荤的蔬菜做成食物专门在立春那天食用。

到了唐代，春盘的含义有了变化，外延更为广泛，《四时宝镜》说："立春日，食芦菔、春饼、生菜，号春盘。"唐诗中有不少歌咏春盘的佳句，如唐岑参的《送杨千趁岁赴汝南郡觐省便成婚》中有："汝南遥倚望，早去及春盘。"大诗人杜甫的《立春》中有："春日春盘细生菜，忽忆两京梅发时。"

宋朝的《武林旧事·立春》中描写的春盘精工细作，十分昂贵，原文为："后苑办造春盘供进，及分赐贵邸、宰臣、巨珰，翠缕红丝、金鸡玉燕，备极精巧，每盘值万钱。"《宋史.礼志》中有"立春赐春盘"之语，《类腋·天部·正月》援引了《四时宝镜》的文句："立春日，食芦菔、春饼、生菜，号春盘，相馈贶。"宋人吴自牧在《梦粱录》中有这样的文字记载："常熟糍糕，馄饨瓦铃儿，春饼、菜饼、圆子汤。"

后来春盘制作日益完善和精美，种类也越来越多，到了元代，已经出现了包馅油炸春卷的文字记录。《居家必用事类全集》中的卷煎饼就是我国早期的春卷，其文曰："摊薄煎饼，以胡桃仁、松仁、桃仁、榛仁、嫩莲肉、干柿、熟藕、银杏、熟栗、芭榄仁，以上除栗黄片切外皆细切，用蜜、糖霜和，加碎羊肉、姜末、盐、葱调和作馅，卷入煎饼，油焯过。"食材丰富多样，制作讲究，想必风味极佳。明代的

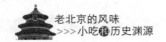
《易牙遗意》提到的制作春卷的方法大致与《居家必用事类全集》类似。

清代的《调鼎集》也有关于春卷的记载，其文曰："干面皮加包火腿肉、鸡等物，或四季时菜心，油炸供客。又，咸肉腰、蒜花、黑枣、胡桃仁、洋糖共剁碎，卷春饼切段。单用去皮柿饼捣烂，加熟咸肉、肥条，摊春饼作小卷，切段。单用去皮柿饼切条作卷亦可。"里面详细记载了三种春卷的制作方法，工序之中既包括包馅又包括卷成卷状，与现在春卷的制法已经极为接近。清潘荣陛在《帝京岁时纪胜·正月·春盘》中描绘了立春食春卷的习俗："新春日献辛盘。虽士庶之家，亦必割鸡豚，炊面饼，而杂以生菜、青韭菜、羊角葱，冲和合菜皮，兼生食水红萝卜，名曰咬春。"说明这一习俗已普遍流行，无论是黎民百姓还是士庶都会在立春时节食用春卷。

春卷在清朝时期地位有了很大的提升，在满汉全席一百二十八道菜点中，春卷便是九道点心之一，足见其被重视的程度。

春卷属于时令小吃，立春是我国十分特殊的节气，我国素有"一年之计在于春"的说法，整个节气预示着春回大地、万物萌动，在这一天食用包裹着新鲜蔬菜的春卷便有"咬春"之意，从头吃到尾，寓意有头有尾、吉祥如意。刚炸好的春卷色如黄金，一根根好似闪闪发光的金条，立春时节出现在餐桌上的春卷，寓意着"黄金万两"。

春卷外皮香脆，馅心鲜美，色泽金黄，口感上佳，古往今来一直深受广大国人喜爱。在立春吃春卷，不仅大饱了口福，而且也得到了美好的祝愿，吃出了喜庆和吉祥，它是我国饮食文化的一部分，也是北京小吃文化的重要组成部分。现在流传的有关春卷的民间谚语还有很多，比如"一卷不成春"等，吃春卷意味着迎春，寓意辞旧迎新，有迎接新年新气象之意。一盘春卷裹住的是春天的味道，咬一口酥酥脆脆黄澄澄的外皮，馅料的清香带着热气直冲鼻子，吃上几个，就会感到春天的气息真是无处不在，它既在舌尖上，也在周围的空气里，抬望眼，窗外已有了嫩绿、鹅黄的颜色，似乎在告诉我们寒冷的冬天已然过去，春光明媚的日子即将开始了。

2．贤妻创春卷

有关春卷的故事非常有趣，民间流传着这样一个传说。

相传古时莆田有个书生，寒窗苦读数载，屡次考试都名落孙山，然而他不灰心不气馁，仍然通宵达旦地刻苦读书，由于过于专心，常常废寝忘食。妻子见丈夫用心，自然倍感欣慰，但是眼看丈夫日渐消瘦，担心他身体吃不消。起初她还殷勤地催促丈夫吃饭，但是每每提醒，丈夫只是用眼神会意了，依然手不释卷，她也不便一直留在书房监视他用餐。离开书房的时候，她很是不安，担心丈夫忘记吃饭，也担心丈夫吃得太晚，饭菜凉了伤胃。其实让她多热几次饭也无妨，只是正在为赶考做准备的丈夫不喜欢被多次打扰，她也不愿总是打断他读书。

她冥思苦想，终于想出了一个办法，于是便把麦子磨成了细粉，做成面皮，以切碎的肉菜为馅料，包入其中，之后下锅油炸，盛出装盘。这种食物主副食合一，可以边读书边吃，又不浪费时间。书生看见妻子亲手烹制的新食品，为她的良苦用心所打动，为了不让妻子担心，他此后每日都正常饮食，埋首读书时，一手持卷，一手取食，眼不离书，照常吃东西，吃饭读书两不误。

由于妻子的贤惠体贴，书生的饮食变得规律了，餐餐都吃得很饱，

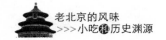
精力也更旺盛了。为了金榜题名给妻子一个更美好的未来，书生更加发奋图强，整日深居简出，夜以继日地读书。不久进京赶考的日期到了，书生信心满满地踏上了征程，妻子特地把新发明的食品装进了他的包裹，让他在路上吃。

正所谓有志者事竟成，书生的努力没有白费，三场试毕，他高中状元，红榜贴出后，他简直欣喜若狂，恨不能长出翅膀回到家乡把这个好消息告诉妻子，他想象着妻子明媚的笑颜，高兴得不知如何是好。他想自己这次能金榜题名主要是因为状态良好，这和妻子的鼓励以及她巧手烹制的小食品有很大关系。这些日子以来是妻子的爱和关怀陪自己度过了最难熬的时光，而今妻子不在，但干粮还在，睹物思人，感慨万千。

他又想这干粮剩余好多，一个人也吃不完，何不分给考官尝尝。于是便把干粮送给考官品尝。考官吃了几口，便大加赞赏，还向书生打听美食的出处，误以为是饭庄里的名厨烹制的。书生告诉他这干粮乃是自己的发妻亲手制作的。考官听后大为惊讶，夸赞书生好福气娶了个心灵手巧的好妻子，还即兴做了一首咏物诗，并给这干粮取了个名字，叫作春卷。后来春卷便名声大噪，成了当地的风味美食，地方官吏还把它当成向皇帝进献的上等贡品。之后随着时间的推移，春卷流行于全国各地，人们常常在春节期间食用，当然也就传入了北京城，演变成了老北京的一道风味小吃。

第二十章
自来红

◎小时候记忆最深的就是自来红月饼了，那时家家户户在中秋节那天都吃自来红，饼皮厚厚的，非常松脆，虽比不上南方的月饼那样绵软和丰富，但是也挺可口的，馅中有一粒粒冰糖，嚼着咯吱咯吱响，里面的青红丝也挺好吃的，瓜子仁和桃核仁就更美味了，那时中秋节能全家在一起吃自来红，都感到非常满足。

◎一般的月饼都是扁平的，但自来红不同，它像馒头一样鼓鼓的，颜色是深红色的，馅很多，用料算不上太丰富，但冰糖、青丝玫瑰、瓜子仁、核桃仁等搭配得浑然天成，一口咬下去就尝到一股醇厚的香油味，冰糖的甜味和瓜子、核桃的香味飘漫开来，真是香甜可口啊。

1．棕红绵软的京式月饼

　　自来红又叫红月饼、丰收饼，是老北京的传统名点，多在中秋佳节食用。自来红这个名字是怎么来的呢？这主要跟它烤制后的颜色有关。在烤制前自来红的饼坯是纯白的，烤制后就呈棕红色了，神奇得很。自来红所使用的面粉中掺杂了不少糖，烤制完毕后颜色会变得更深。其外皮上有一个深红色的圆圈，好似墨水戳，这墨水戳是在烤制前印在饼坯上的，刚开始也是白色的，烤制完后和饼坯一起变了颜色。

　　旧时的自来红外皮很硬，馅心也是硬硬的，有时还能吃到颗粒状的冰糖，咀嚼起来有些吃力，比较有齿感。后来人们在自来红的馅料中添加了桂花、青红丝、桃仁、瓜子仁等果脯果料，不但质地变得酥松，而且香甜润口，有股浓浓的桂花香味，实属中秋食用的良品。过去在酥软的广式月饼盒苏式月饼还没兴起时，自来红在老北京可是一枝独秀，它的饼皮已变得十分松软，闻起来香气袭人，吃一口甜香浓郁，里面的冰糖渣和青红丝嚼起来咯吱作响，这美食在当时可是小孩子最渴望的中秋小食品，无论过去多少年，对于那代老北京人来讲，自来红始终是他们记忆深处抹不去的一道光影，它承载着无数老北京人对童年岁月的怀念。

　　自来红不但风味独特，还寄托着美好的寓意，饼身圆若满月，又是在合家团聚的中秋佳节食用，自然寓意着团团圆圆，月饼上那又红又圆的墨水戳，则象征着红红火火，诸事顺利、圆满，这好吃又有吉祥寓意的食品自然广受京城食客欢迎。如今老北京许多历史悠久的小点心都被西点取代了，当我们在为京华糕点的衰落感叹之时，自来红仍然以一种淡定的姿态坚守着自己的阵地，赫然陈列于北京各大超市和点心商铺的货架上，这足以证明它的竞争力不输任何新式名点。

自来红物美价廉，饼皮酥香绵软，馅心丰富，很多北京市民在选购月饼时都喜欢买自来红，有些喜欢动手的食客还亲自制作自来红以备中秋节食用。其实制作自来红不需要用模具，原料也易得，家庭制作非常方便，其具体过程是：第一个步骤是制作饼皮，将白糖、小苏打、麦芽糖、麻油、花生油倒入沸水中搅拌，然后分多次加入面粉，揉成不粘手的面团，醒一个小时。第二个步骤是制作内馅，用擀面杖将核桃仁、花生仁、瓜子仁等擀碎，再把冰糖碾碎，将碎果脯和碎冰糖拌入熟面粉、芝麻、麻油、青红丝、白糖，添加些许糖桂花即可成内馅。第三个步骤是把醒好的面团按成扁平的面皮，将馅料放入其中包好，压按成饼坯。在饼坯顶部用红色素印上圆形印记，放进预热200度的烤箱烘烤25分钟取出。其实传统的自来红的墨水戳是用糖和碱熬制出来的，红色素加印是简易做法，相较而言更省时省力。

2．源自拜月，寄予团圆

月饼问世之初，并非是供全家人中秋节赏月食用的点心，而是一种用来祭拜月神的贡品。在我国古代，帝王需遵循春天祭日、秋天祭月之礼，民间则盛行于八月中秋拜月或祭月的习俗。自唐朝始我国就出现了专门制作月饼的行业，都城长安有了专门售卖月饼的糕饼店

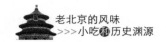
铺。唐代有一种叫作"红绫饼"的糕饼，十分出名，据考证为当时的民间月饼。北宋时期皇宫内出现了"宫饼"，民间谓之为"小饼""月团"，大文学家苏东坡有诗云："小饼如嚼月，中有酥和怡。"

月饼一词最早出现在南宋吴自牧的《梦粱录》，有关中秋节吃月饼的习俗在明代才开始有明确记载，明嘉靖《威县志》中说："中秋，置酒玩月，为月饼馈之。"在《西湖游览志会》中有这样的一段文字记述："八月十五日谓之中秋，民间以月饼相遗，取团圆之义。"说明当时人们已经把在八月十五日吃月饼当成举家团圆的象征。

明清时期，民间已非常流行中秋吃月饼的习俗，清代的富察敦崇在《燕京岁时记》中写道："中秋月饼，以前门致美斋者为京师第一，他处不足食也。呈供月饼，到处皆有，大者尺余，上绘月宫蟾兔之形，有祭毕而食者，有留至除夕而食者，谓之团圆饼。"月饼不仅是中秋节家家户户必备的点心，还是亲朋好友之间互相赠送的礼物。随着社会的发展，月饼的生产逐渐由小规模的家庭手工制作演变成大规模的专业化加工生产，品类越来越繁多，口感也在不断提升，明清时期已经成为了我国大众化的传统糕点。清朝杨光辅曾详细描述过月饼的原料和口味："月饼饱装桃肉馅，雪糕甜砌蔗糖霜"，说明当时的月饼与我们今天所吃的月饼已是十分接近了。

时至今日，月饼在不同地域发展出不同风味的品种，京式、苏式、广式、潮式等月饼最受大众喜爱，其中京式月饼便是以自来红和自来白为代表。人们在中秋之夜，举家赏月食月饼，祈祝家人生活圆满幸福，场面温馨、其乐融融。古往今来，人们一直用明月的圆缺来比喻人间的悲欢离合，远在他乡的游子常常望月思乡，比如李白就曾"举头望明月，低头思故乡"，杜甫也说"露从今夜白，月是故乡明"，王安石则归心似箭，发出"春风又绿江南岸，明月何时照我还"的感慨。

中秋的满月自然让人联想到团团圆圆、合家欢乐，选择在这一天食用圆似明月的月饼，当然是体现出了浓浓的亲情。

人们在吃月饼时望月、赏月、问月，就连饼面的图案都与明月关联紧密，比如月饼上大多饰有"嫦娥奔月""月宫蟾兔""银河夜月""三潭印月""西施醉月"等。这些精巧美观的图案不但烘托出中秋之夜的节日气氛，而且还为人们拓展了想象空间，增添了无穷乐趣。

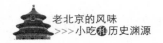

第二十一章
硬面饽饽

◎过去卖的硬面饽饽，样子有几分像糕点，扁圆饼形的，中间略厚，上面盖着红印，吃起来味道十分特别，酥酥的，带点甜味，有点像"缸炉"，但又不像"缸炉"那样黏牙。

◎过去，老北京人夜里饿了，都会从走街串巷的小商贩那里买硬面饽饽吃，硬面饽饽是发面做的饼子，上面点着红点，里面加了糖馅，甜甜的，味道很好。现在在市面上几乎看不到这种吃食了，偶尔忆起还是挺怀念的。

1. 深夜售卖的面饽饽

硬面饽饽是旧时老北京人常吃的夜宵，土生土长的老北京人或者客居京城多年的人，对其有着独特的情感。卖硬面饽饽的商贩经常挎着一个细柳条筐，上面覆盖着白布，里面装满了硬面饽饽，售者由于是在夜间走街串巷地叫卖，出行时需提灯照明，时常叫卖至深夜，尤其是在寒风呼啸的冬季，凛冽的西北风能把吆喝声传出很远，那一声声："硬面儿——饽饽"的吆喝声，能让不少做夜工的劳动者闻之即感觉温暖。胡同里的居民有时半夜突感肚饿，也常常买硬面饽饽充饥。

售卖硬面饽饽的吆喝声伴随着胡同里的老北京人度过了无数的春秋冬夏，给那代人留下了难以磨灭的回忆。《食品杂咏》描写得非常生动："饽饽沿街运巧腔，余音嘹亮透灯窗，居然硬面传清夜，惊破鸳鸯梦一双。"寥寥数十字，就把叫卖腔调的特点以及对居民生活的影响描绘得有声有色，想必当年被卖硬面饽饽的吆喝声吵醒的人们，已经对这富有韵律的声音习以为常了吧，也有可能有不少人一梦醒来，想吃硬面饽饽了，于是慌忙爬起来走到街上买回好几个饽饽，当夜宵享用。

售者在夜间叫卖多少有点扰民之嫌，然而却有许多人喜欢听那吆喝声，著名作家萧乾就是其中的一位，他在《吆喝》中写道："从吆喝来说，我更喜欢卖硬面饽饽的：声音厚实，词儿朴素，就一声'硬面——饽饽'，光宣布卖的是什么，一点也不吹嘘什么。"硬面饽饽的吆喝和其他小吃的叫卖声相比，确实简洁明了，一点也不花哨，从不夸耀，也不矫揉造作，或许这也是旧时老北京人喜欢硬面饽饽的原因之一吧，它给人的感觉就是实在踏实、能解饿，吃上几个饱饱的，说不出心里有多舒坦。

硬面饽饽吃起来特别筋道香甜，它属于饽饽的一种，当时的满族人把各种面食统称为饽饽，硬面饽饽就是用硬发面烙的面食，上面特意点上一个好看的红点，为的是给食用的人带来好心情和好运气。硬面饽饽添加了糖精，馅心是红糖，因此属于甜口的面食。它保质期很

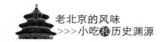

长，冬天在低温环境中放置一个月也不会变质。

在反映旧时老北京人生活的文学作品和影视作品中，经常会提到硬面饽饽，老舍的《正红旗下》就有关于硬面饽饽的情节。可是现在随着人们生活水平的提高，饮食习惯也发生了巨大的改变，走街串巷售卖的小吃骤然减少，硬面饽饽几乎销声匿迹。不承想这种绝迹了几十年的京城小吃近年来又重新出现在了人们的视线中，在第二届九门小吃美食节上公开亮相，顿时唤起了很多人曾经的美好回忆。这种失落已久的传统小吃终于又有了一线生机，但是恐怕难以再现旧时的光景。对于怀念硬面饽饽的朋友，不妨自己在家制作，这款小吃制作简便，很适合亲自动手操作。具体制作方法是：把发面加入碱戗干面揉成略硬的面团，然后搓成长条揪成小面剂，裹入适量红糖包好，先用手压扁，再用花擀面杖交叉擀，擀出精美的花纹之后，拿竹针刺上几个小孔，最后装入烤盘，放进烤炉烤熟即可。掌握了制作硬面饽饽的做法，随时都可以再现儿时的回忆，那香甜可口的味道和筋道的口感将把你的思绪带回逝去的美好童年。

2. 游牧民族的干粮

饽饽一词始于元代，当年忽必烈把金中都定为元大都，促使大量的蒙古人涌进了北京城。老北京的饮食市场上便出现了各种各样的蒙古饽饽，那时所谓的饽饽指的就是面食点心。到了清代，市面上除了售卖蒙古饽饽外，又出现了种类繁多的满洲饽饽。老北京人不仅把点心叫饽饽，而是把所有的干粮统称为饽饽，水饺叫煮饽饽，烤烙的面食就叫硬面饽饽。硬面饽饽包括儿饽饽、糖鼓盖儿等，基本上都是烘烤制成的，甚少有油炸的。直到 20 世纪 50 年代京城还有售卖者，遗憾的是现在已经难觅它的踪影。

饽饽是满族人的日常食物，过去满族人长期在野外狩猎，出外捕猎常常是一整天，饿了就吃随身携带的饽饽，这种食物既耐饥又方便携带，非常适合经常在户外活动的满人。满人在出征途中携带的军粮也是饽饽，有了硬性补给，既能轻装上阵又能保持体力，对作战非常有利。

随着时间的推移，满人养成了吃饽饽的习俗，不仅在平日里食用饽饽，在婚丧嫁娶的重要场合或者祭拜祖先和神明时也多用各类饽饽。满人制作饽饽和吃饽饽有一些忌讳，比如新人婚礼上的子孙饽饽，必须煮到八分熟，一只饽饽要吃两三口，再小得饽饽也断不可一口吞下。吃饽饽的时候旁侧还有人问"生不生"，新娘需回答说"生"，便是早生贵子之意。祭祀用的各类饽饽均不能用第一批，蒸煮的饽饽不能用第一锅的，烤烙的也不能使用第一次烘烤的，总之必须用第二批的饽饽祭祀。

满人问鼎中原，随即把吃饽饽的习俗带到了关内，使其成为老北京的面食小吃。满族的饽饽是满族人劳动和智慧的结晶，历经数百年发展，不断推陈出新，花样越来越多，到了清朝中期，全国各大城市出现了很多饽饽铺子，最出名的饽饽是"大八件"和"小八件"，北京的满洲饽饽铺擅长在饽饽里添加奶油，做出的饽饽有股浓浓的奶香味，老北京人每逢红白诸事都到铺子里购买饽饽，这里常年都在售卖不含馅料以面和糖混合制成的硬面饽饽、专门用来贺寿的寿意饽饽和层层叠叠做得像微型宝塔似的层台饽饽。到了清末，饽饽的生产和制作进入了全盛时期，品类极大丰富，在满族人的生产和生活中处处都能看到饽饽的踪影。

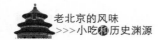

饽饽的影响绝不限于满人，而是深入到京城老北京人的实际生活当中，古往今来在我国很多文学作品之中都有所体现，比如清代富察敦崇所著的《燕京岁时记·元旦》中有："是日，无论贫富贵贱，皆以白麪作角而食之，谓之煮饽饽，举国皆然，无不同也。富贵之家，暗以金银小锞及宝石等藏之饽饽中，以卜顺利。"《儿女英雄传》第十五回有："说话间，姨奶奶吃完饽饽。"曹禺《日出》的第三幕提到了饽饽的叫卖："外面叫卖的声音：（寂寞地）硬面饽饽！硬面饽饽！"萧乾在《老北京的小胡同》中写道："像'硬面——饽饽'，中间好像还有休止符。"这是老北京特有的吆喝声。而今饽饽这词已经被各种各样的名字所取代，很多年轻人已经不知道它在旧时宽广的含义，但是它仍是老北京人餐桌上少不了的重要吃食。

3．状元逸事：康熙钦点饽饽状元

清代历史上曾经出现过一位"饽饽状元"，他叫李蟠，出身于书香世家，祖父是明代天启年间的举人，父亲是明末的拔贡。李蟠自幼聪明过人，读书过目不忘，可一目十行，又很有文采，做文章洋洋洒洒一挥而就，无须更改一字。他阅读速度惊人，可惜答卷速度奇慢，又长得人高马大，正值血气方刚的年纪，饭量也很大，所以进京科考时担心自己在考场上挨饿，想来想去最后携带了36个饽饽风尘仆仆地前往北京赴考。

李蟠做出此举，一是因为家境贫寒，盘缠不足，买不起其他饭菜。二是因为饽饽耐饿，吃完之后可以安心答题，不用再为饥肠所苦。在科考期间，每日三餐李蟠皆以饽饽为食，顿顿吃得很饱，精力十分充沛，只是答卷的速度一直没有提升。开考那天，考生们陆陆续续交卷走出了考场，眼见天色暗下来，而李蟠的文章才写了一点，根本不可能在天黑时完成。监考官感到有些不耐烦了，催了他好几次。李蟠急得满头大汗，苦苦哀求监考官："我的人生命运和一生的事业就在此一举了，这次科考对我意义重大，请不要再催逼，容我把文章写完。"

监考官觉得他寒窗苦读也不容易，遂心生怜悯，天黑之时给了他几支蜡烛，使他能秉烛答题。不幸的是李蟠从家乡带来的 36 个饽饽已全部吃完，他写着写着就饿了，渐感体力不支，无心继续应试。他一边暗怪自己考虑不周，少带了饽饽，一边飞快地思考应对之策，最后只能厚着脸皮向监考官讨要饽饽，监考官又给了他几个饽饽，好让他挑灯夜战。

李蟠一直挥笔写到深夜才交上了试卷，康熙帝对他的事迹有所耳闻后，认为这个年轻人是颇有志向的苦学之士，对其非常赞赏，特别留意了一下他的文章。这次殿试李蟠拟写的题目是《廷对制策》，和康熙帝的《策问》一问一答，丝丝入扣，全文挥挥洒洒两千余字，文辞雄劲有力，气势恢宏，洞悉治国之道，见解深刻，文章涵盖军政、吏治、河防等内容，应答入情入理，条理明晰，又针砭时弊、切中要害，提出不少真知灼见，读之即让人感到作者实乃妙笔生花、才学渊博。

尽管李蟠是最后一个交卷的，但是由于康熙帝赏识他的文章和为人，破例钦点他为状元。同榜的探花为此还特地写了一首诗，诗文曰："望重彭城郡，名高进士科。仪容好绛勃，刀笔似萧何。木下还生子，虫边还出番。一般难学处，三十六饽饽。"从此饽饽状元李蟠的美名就传遍了整个士林。

李蟠高中状元以后，担任翰林院修撰，编撰了《大清一统志》，被称为"天朝第一人物。"清康熙三十八年（1699），李蟠成为顺天府乡

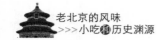
试主考官，在任期间，他为人正派、光明磊落，坚持凭才学为国家选拔人才，从众多的秀才中慧眼选出了很多有识之士，比如鄂尔泰、史贻直、杜讷等，这批才子均成为大清王朝的一代能臣，其中鄂尔泰在乾隆年间还官拜总理大臣。

看着那些莘莘学子，也许李蟠不止一次地想起自己带着 36 个饽饽赶考的岁月，所以他公正地对待每一位考生，拒绝接受贿赂，不为任何贵族子弟大开方便之门，遭到一些权势人物的憎恨，于是便有人出言中伤他，造谣说他在职期间徇私舞弊。康熙得知后，便令李蟠选拔出来的举人全部重新复试，监考官由朝中大臣担任，复试完毕后，所有人都榜上有名，无一人落榜，谣言不攻自破。后来孔尚任根据各种传闻撰写了《通天榜传奇》一剧，在京城传播甚广，闹得沸沸扬扬，李蟠因此受到牵连，遭到流放，从此仕途毁于一旦，回到故乡之后再也没有出仕。

这位饽饽状元去世 80 年后才有人为他立传正名，时任江苏巡抚、后任两广和两江总督的蒋攸终于为他澄清了冤情，使他成为名扬后世的传奇人物。

门钉肉饼

◎门钉肉饼要趁热吃，凉了流出来的牛油凝固了，口感就完全不对了，它跟灌汤包有点类似，面皮里包着浓浓的汤汁，咬一口汁水四溢，有点烫嘴，馅料融合了牛肉的鲜味和大葱的香味，味道着实不错。

◎门钉肉饼的饼皮较薄，两面焦黄，看上去挺精神，立体感十足，吃起来略为焦脆，肉馅肥瘦搭配恰到好处，牛肉很嫩，油汁盈足，热腾腾地吃上一个，牛肉和葱的香味非常浓郁，口味真的很醇正。

1. 厚如门钉的肉饼

门钉肉饼和一般肉饼最大的不同便是它的形状，普通肉饼都是扁圆形的，而门钉肉饼厚度足有3厘米，远远高于其他肉饼，看起来就

像古时城门上的门钉，故而称作门钉肉饼。门钉肉饼属于宫廷小吃，至今流传于世，不但味道鲜美，据说还有吉祥的寓意，这当然和门钉有关。紫禁城城门的门钉为铜制，外层镀金，看起来闪闪发光、富丽华美，但凡皇帝出入的大门皆有九九八十一枚门钉，象征着皇权的至高无上，而王侯将相们官府的门钉数要按照身份等级递减。过去天桥的老北京艺人经常唱的唱词便是"里九外七皇城寺，九门八点一口钟。"而今这古老城门的金色门钉已经跟皇权没什么关系了，人们把它视为吉祥如意的象征，这门钉肉饼随之被人们当成了吉祥之物，随意地咬上一口，触动味蕾的不只是那香浓的牛肉味，还有那股传承百年的历史沉淀的味道。

门钉肉饼皮薄馅多，两面都是金黄色的，确实很像镀金的门钉，咬上一口，香气四溢，焦脆的面皮里是滚热的肉馅，丰腴油润的汤汁从齿间流淌出来，很烫但香得令人难以招架。喷香的牛肉味伴着葱香在口中百转千回，余味不绝，吃几口便会令人感叹这真是一种无与伦比的美妙享受啊。

门钉肉饼虽然美味，然而它与其他饼类最大的不同，却是在厚度上。让肉饼具有一定的厚度，其实实现起来并不容易，任何馅饼如想保证口感，面皮就要够薄够软，门钉肉饼也不例外，它的面皮也是软的，馅料也是软的，那么它又是怎么塑形的呢？这是有技巧性的。和面时把面团揉匀即可，不要为了塑形减少水量，以确保面皮的口感。饧面至少需要一个小时的时间，唯有如此又薄又软的面皮在包入很多馅料的时候才不容易撑破。

门钉肉饼既要保证厚度，又要保证汤汁丰润，在做馅时讲究就非常多了。要做到两全其美，必须掌握两点：一、选用的牛肉需是六分瘦四分肥的，肥肉在受热后便会变成热汤汁，这样汤汁的量就非常多了。二、牛肉馅加水要适量，水量过大会使馅料变稀，致使馅饼变得软塌塌，厚度更是难以保证了。如果不慎加水过量，可将馅料放进冰箱里冷藏，一个小时后取出，这样里面的牛油等物质便会遇冷凝结，使得馅料包入面皮时也变得更容易了，饼身的厚度也易于做出来。

门钉肉饼要做出正宗的老北京风味来，拌馅时一定要添加黄酱，还要加入适量花椒粉和姜末，这样不仅可以去除牛肉的腥味，还能使肉鲜味完美地释放出来，使它吃起来味道更独特。在包馅之前的一段时间，大葱不能和其他调味料一起搅入馅料里，最好是铺在肉馅上，随包随拌，这样可有效避免产生异味。

由于门钉肉饼饼身较厚，所以烙制时需要加入适量的水。先给饼铛预热，然后改为中小火，添加适量的油，把门钉肉饼放进饼铛里，加上适量的水，待水分全干，饼底部煎成金黄色时翻面，另一面也煎至金黄色时盛出。

门钉肉饼油大，牛油容易凝固，所以趁热吃口感较佳，味道可与生煎媲美，但吃的时候需多加小心，肉饼咬开之后滚热的汤汁会溢出来，容易烫到嘴。所以，刚开始食用时切莫过急，留心汤汁，这样才能既享受到美味又能有效避免烫伤。

2. 缘于慈禧的宫廷名吃

门钉肉饼是宫廷小吃，第一个品尝到这款小吃的人是慈禧太后。尽管民间流传着不同版本的传说，但无论哪个版本的传说故事都离不开慈禧。

慈禧是清末最有口福的当权者，生活奢靡，食不厌精，把清宫御

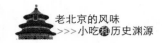
膳房的饮食文化推向了极致。为了追求口腹之欲，她广招天下名厨，要求数以百计的厨师每位都要烹制出一道拿手菜，内务府统筹品尝后，对每道菜品都加以详细记录。慈禧用膳有个习惯，只吃距离自己最近的菜，所以每次用餐必须把她最喜欢的菜品摆在她触手可及的位置。这着实令御厨们大费脑筋。为了满足慈禧的食欲，御厨们绞尽脑汁烹制各类名点珍味，花样多得难以计数，慈禧吃得尽兴时，时常给自己喜欢的菜赐名。她每食一餐，隆重得像举行某种盛大的仪式，宫中的厨子和侍膳的太监忙得不亦乐乎。

相传，慈禧路过紫禁城的城门时，见到城门上的门钉甚为高兴，随口便说："我今天想吃这个。"慈禧当然不能把门钉取下来食用，回宫后随侍的人把慈禧的意思转达给了御膳房的厨子们，厨子们全都挖空心思琢磨老佛爷的旨意，经研究，他们认为慈禧想吃的应该是状若城门门钉的食物，由于门钉象征着皇家的威严，这门钉食物也必须体现出皇室的威仪，口味自然也不能差。最后他们用牛肉烙制了3厘米高的状似门钉的肉饼，一连烹制了九九八十一枚，对应着皇城大门纵九横九的八十一枚门钉，慈禧太后一看甚合心意，满意地说："我心中所想的正是此类食物。"老佛爷突发奇想的一个念想成就了老北京流传百年的风味小吃——门钉肉饼。

第二个版本是：有一天，御膳房的厨子给慈禧烹制了一款新式肉饼，慈禧品尝后，觉得味道非常好，十分符合自己的口味，便问这食物叫什么名字。那厨师把心思都花在研制新菜品上了，尚未给这新款点心取名，然而慈禧询问，自己总不能不作答，不应声恐惹恼了老佛爷，说错了话又怕招来祸事，好在他随机应变的能力很强，片刻搜肠刮肚的工夫，就想出了一个吉利的名字，他想坐拥君权的慈禧必然对权力的象征感兴趣，于是脑海里便浮现出宫廷大门上的门钉来，这门钉可是皇家权力的代表，而这肉饼比一般饼类要高出许多，不正像那一枚枚门钉吗？遂张口答道："回老佛爷，它叫门钉肉饼。"门钉肉饼就这样定名了。

第三个版本是：宫中有位太监偶然在外面看到了门钉肉饼，被其独特的外形和浓郁的香味吸引，心想何不把它进献给慈禧，也许她会喜欢的。老佛爷素来喜欢尝鲜，对民间小吃亦不排斥，如果当真看上了自己呈献的肉饼，可能会嘉奖自己或者提升自己在宫里的地位。这位太监喜滋滋地把肉饼献给慈禧品尝了。慈禧吃过后，非常喜欢，不紧不慢地说："嗯，有点意思，味道不错，这饼又高又圆，倒是挺像皇宫里的门钉呀。"于是这厚厚的牛肉馅饼就有了名字，叫作门钉肉饼。由于受到过慈禧太后的称赞，门钉肉饼身价高涨，市面上的生意变得异常火爆起来。直到今天，人们对慈禧喜爱的门钉肉饼也是另眼相看的，连慈禧眼光如此高的统治者都钟爱的食物，想必也是非同凡响吧。

Part4

谁家面食天下工——蒸煮篇

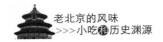
第二十三章

烧　　麦

舌尖记忆

◎夹一只烧麦细细观摩，馅大皮薄，品相也十分讨巧，剔透的面皮泛着十八个精美的褶儿，好似漂亮的芭蕾舞裙。咬一口，香浓多汁，蘸上一点醋，吃起来更为精妙。

◎第一次吃烧麦，觉得真的非常好吃，面皮白皙柔软，肉馅有种喷涌而出的感觉，散发着诱人的香气，难得的是里面的汤汁香而不腻，新鲜爽口，一口气连吃五个，着实过瘾！

1.玲珑娇俏的餐点

每每见到烧麦，立时让人想起北京人的范儿，这小小的烧麦，玲珑雅致，开口露馅，形如石榴，晶莹白皙，清香爽口，真是讲究到了极致。老舍的《茶馆》将北京人的生活形态刻画得入木三分，在京城，无论贫富，工作之余都会走进茶馆品茗享受。烧麦也是如此，本是寻常吃食，却要精工细作，做得形美味美，赏心悦目，满口留香，这不得不说是一种地方特色。

烧麦也叫烧卖、肖米、稍麦、稍梅、烧梅、鬼蓬头，是一种用烫面裹馅上屉蒸煮的小吃，馅多皮薄，入口鲜香，兼具小笼包和锅贴的特点，常常出现在民间的宴席上，也是老百姓的日常餐点。烧麦是中国土生土长的吃食，受到各地人民的喜爱，历史非常悠久，在不同的地区有不同的名称。比如北京叫作烧麦，江苏、浙江、广东、广西一带叫作烧卖，山西叫作梢梅，湖北叫作烧梅。由于北方与南方的饮食差异，在制作烧麦的用料和技法上也有所不同，北方的烧麦多以牛羊肉为主要馅料，辅以少量作料；而南方的烧麦馅料却是以糯米为主，牛羊肉只作为辅料。食材不同，口感自然也会有区别。北方的烧麦肉味香浓，南方的烧麦则软糯清淡。此外，北方的烧麦比南方的烧麦要略大些。

烧麦的起源应该不会晚于元朝，一说是由包子演变而来，烧麦和包子有很多相似之处，主要区别是烧麦是用未经发酵的面制作面皮，而且上不封口，形状酷似石榴。最早有关烧麦的记载出现在元代的高丽（今朝鲜）所著的史书《朴事通》中，书中提到了元大都出售的"素酸馅稍麦"元大都便是现在的北京城，由此可以推断，烧麦极和京都有很深的历史渊源。据《朴事通》所载，"稍麦"是以麦面擀成薄皮裹馅蒸煮的面食，可与汤水一起食用，并解释了这种食品名字的由来"皮薄肉实切碎肉，当顶撮细似线稍系，故曰稍麦。"还提到过烧卖，记述为"以面作皮，以肉为馅当顶做花蕊，方言谓之烧卖。"

书中的意思是说，面食顶部细如丝线的叫稍麦，而面食顶部捏成漂亮的花蕊状的叫作烧卖。两种面食的制作方法和今天的烧麦几乎没有什么不同。就形状而论，元朝的烧卖和现在的烧麦极为接近，到了明清时期，史料上将稍麦和烧卖经常混为一谈，其实两者本无太大区别，烧卖出现的频率要更多一些，比如《金瓶梅词话》中便提到了"桃花烧卖"，《扬州画舫录》、《桐桥椅棹录》等史书都有烧麦的相关记述。《清平山堂话本·快嘴李翠莲记》里提及的烧卖有十余种，包括：大肉烧卖、地菜烧卖、冻菜烧卖、羊肉烧卖、鸡皮烧卖、野鸡烧卖、金钩烧卖、素荬烧卖、芝麻烧卖、梅花烧卖、莲蓬烧卖，种种烧卖不一而足。清代菜谱《调鼎集》里也收录了诸如荤馅烧卖、豆沙烧卖、油糖烧卖等多种烧卖的品类。

乾隆帝曾写过一首歌咏美食的诗，其中有一句是"捎卖馄饨列满盘，新添挂粉好汤圆"，诗中的捎卖当然不可能是笔误，有些史学家和烹饪学家研究指出，烧麦其实是起源于明末清初的呼和浩特茶馆，当时茶馆的主营业务是售卖茶水和糕点，捎带也会卖些烧麦，所以捎卖就是捎带卖的意思。

成书于 1937 年的《绥远通志稿》有这样一段文字记载："惟室内所售捎卖一中，则为食品中之特色，因茶肆附带卖之。俗语谓'附带'为捎，故称捎卖。且归化（呼和浩特）烧麦，自昔驰名远近。外县或外埠亦有仿制以为业者。而风味稍逊矣。"

有关烧麦的起源虽然迄今为止没有统一的说法，但综合各种史料分析，元代的稍麦和烧卖已是现在烧麦的雏形，无论当时是像包子一样单独售卖还是只是搭配着茶水和其他糕点出售，这款小吃显然在当时的历史时期出现了。有可能到了明末清初时售卖的地点主要是在茶馆，仅仅是作为茶水和其他食品捎带出售的小吃。

烧麦的顶部不封口，是因为茶客的小菜各不相同，有牛羊肉姜葱的，也有萝卜青菜豆腐干的，为了方便区分，便上不封顶，如此就能清楚地看清里面的馅料，每次一屉烧麦蒸好后，店里的伙计就会端着蒸笼对众茶客说："捎卖来了，诸位请便。"茶客们便夹起这种薄皮包菜的小吃品尝起来。

现在烧麦成了百姓的日常早点，老北京人喜食烧麦，大概是基于它细腻的口感和精致的外形。烧麦包得像艺术品那样能激起人们鉴赏的心情，这着实是件不可思议的事。老北京小吃的风雅，确实令人惊叹。

时至今日，烧麦的品种更为丰富多样了，制作得也更为美观。除了传统的肉和葱制作的馅料的烧麦外，还出现了用各种富含多种营养的海产品为馅料的烧麦品种。老北京的烧麦无论是卖相还是口味都较为讨喜，令人胃口大开，成为让人百吃不厌的风味小食品。

2. 乾隆赐匾都一处

北京最有名的烧麦馆当属都一处了，这可是乾隆皇帝御笔题名的餐馆，其中还有一段脍炙人口的传奇故事呢。

相传清乾隆十七年（1752），乾隆帝微服出巡私访通州，回京时正值大年三十。乾隆帝到达前门时，已是暮色四合，购买完年货的百姓都纷纷赶回家吃年夜饭了，店铺也大多早早打烊了，掌柜的忙着给店里伙计结账分红。乾隆帝旅途劳累，又感到腹中饥饿，好不容易发现了一家尚在营业的烧麦馆，便带着两名随从走了进去。

掌柜的王瑞福见多识广，一看这三位宾客衣着讲究，仪表堂堂，又从穿戴和神情上判断出他们必是一主二仆。这主人器宇不凡，风度

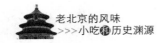
翩翩，极有可能是身份显赫的贵公子。王瑞福一边猜度着一边热情地把三人请到了楼上，拿出店里最好的佳酿"佛手露"和店铺的特色小吃烧麦招待他们，还亲自为三位贵客斟酒，然后恭恭敬敬地侍立在一旁。

这里的烧麦晶莹如雪，形似石榴，有如玉雕般通透，咬一口无比松软，满口沁香，丝毫无油腻之感，乾隆品尝之后，对这味小吃赞不绝口，酒足饭饱后，倍感神清气爽，心情十分愉悦，便问店家："你这店铺叫什么名字？"王瑞福回答说："还没起名字。"

能做出这么好吃的烧麦，就民间小店而言，已属十分难得，怎么可以没有店名呢？乾隆帝沉吟了片刻，想为小店取一个合适的名字，这时店外传来一阵热闹的鞭炮声，乾隆帝不禁感慨万千，此刻家家户户都忙着辞旧迎新、欢度新年，饭庄酒肆大都关门歇业了，自己险些陷入风餐露宿的境地，不由得对店家生出几分感激之情，便说："除夕之夜还照常营业的酒家，在京都恐怕只有你们这一处了，这店就叫'都一处'如何？"

王瑞福并没有把这席话放在心上，店铺的名字不打紧，以前没名字生意也不错。过了几日，几名宫中的太监煞有气势地送来了一块虎头匾，上书"都一处"三个大字，并说这块匾额乃是当今天子乾隆帝御笔题写的。王瑞福这才想起除夕之夜光顾酒铺的三位贵客，那位主子确实给店铺取了"都一处"的名字，原来他就是当朝皇上。王瑞福又惊又喜，连忙叩首谢恩，立刻把匾额悬挂在店铺最显眼之处，从此这家店铺就叫"都一处"了。从此烧麦馆名扬京华，身价倍增，生意越来越兴隆了。

王瑞福还以上等的黄绸将乾隆坐过的椅子围起来供奉，并把乾隆帝上楼走过的一段路严加保护起来，终年不扫。客人们带进的泥土和灰尘越积越厚，年长日久竟形成了一道土埂，被誉之为"土龙"，这土龙自清代始就已被纳入京城的古迹之一，清朝的《都门纪略·古迹》对其有过详细的描写："土龙在柜前高一尺，长三丈，背如剑脊。"清嘉庆二十四年（1819），苏州才子张子秋，慕名前往都一处，曾写下"都一处土龙接堆柜台，传为财龙"之语。

不过人们慕名来都一处，更多的是想要观看当年乾隆帝钦赐的那块御匾，以及品尝一下京城口味最正宗的烧麦。许多中外宾客在品尝完烧麦之后，都争相在御匾前拍照合影留念，有人还写了一首盛赞都一处的藏头诗："都城老铺烧麦王，一块黄匾赐辉煌。处地临街多贵客，鲜香味美共来尝。"短短四句，就把都一处的历史渊源、经营优势、烧麦的特色，一一道来，真可谓是精妙之极。

都一处迄今已有 277 年（始建于 1738 年）的历史了，是北京誉满全城的百年老店之一，自乾隆帝御笔题名开始，名声大振，再加之烧麦做得味美鲜嫩，名气已经不局限于北京，全国各地乃至国外都知晓都一处的烧麦制作得最精良。都一处的面点师曾多次远赴日本表演绝技，大受欢迎。

都一处的烧麦之所以别有风味，是因为在用料和制作上都十分考究。面皮轻薄如纸，中间厚 1 毫米，边缘处厚度只有 0.5 毫米，直径约为 11 厘米，顶部最少也要泛起 24 个漂亮的褶儿。馅料也十分丰富，猪肉馅、韭菜馅、蟹肉馅、西葫芦馅、三鲜馅，应有尽有。外观上非常具有观赏性，酷似含苞欲放的花蕾，此外依据季节时令的变化，都一处推出不同的烧麦品类，春天推出春韭烧麦，夏天推出西葫芦烧麦，秋天推出蟹肉烧麦，冬天推出猪肉大葱烧麦等。这里的烧麦口味多样，香味浓厚，油而不腻，品尝过后意犹未尽，堪称一绝。

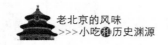

第二十四章
小 窝 头

◎小窝头个头小小的，既好看又可爱，那金黄的颜色、玲珑宝塔样的形状，让人第一眼就爱上了，细细咀嚼，绵软中略有一点嚼头，越吃越香甜，清新而隽永。

◎第一次吃小窝头是在好奇心的驱使下，这种健康又有营养的粗粮却一点也不粗陋，那是源自天然的粮食的香味，玉米的甜味淡淡的，却比蜜糖更让人受用，不知怎的，吃着小窝头，脑海里总会浮现大自然原野的画面，或许是这种风味太特别了吧，那是来自土地和庄稼的味道，食之不免浮想联翩。

1. 可爱的玉米小塔

说起小窝头，人们脑海里立即会浮现出旧时贫苦人家捧着这种劣质粗食果腹的凄凉情景。以前，小窝头确实曾一度被当作京城穷人的吃食，当时人们吃不起白面馒头，只好吃用玉米面代替，由于未经发酵的玉米面不易熟，人们就将它做成上尖下圆的小塔状，还在窝头底部留了个小孔，北京人谓之为窝窝儿，故而又把小窝头称为窝窝头。也就是说小窝头可爱的形状最初是为了方便蒸煮而设计的。

后来小窝头传到了宫廷，摇身一变成了精致的皇家名点，做工和选材自然有了改进。宫廷小窝头选用上佳的新玉米面过细箩，添入黄豆面、桂花、白糖，在搅拌时加些许碱面，揉和妥当后，搓成直径约为2厘米的长条，做成50个小剂，每个小剂捏成上小下大的中空小塔，窝头的厚度为0.3米为宜，外皮和内壁要有一定的光滑度，上笼蒸煮即成。吃起来暄软香甜，余味无穷。这种小窝头非常小巧，一斤细面就能做出上百个。

普通百姓自然吃不起宫廷小窝头，也绝不会把窝头当作点心来品尝。那时窝头就是贫穷的代名词。过新年时老北京人讲究吃饺子，寓意"更岁交子"，穷人家仍把窝头当成年夜饭。曾有一副对联对此有过生动的描述："人过新年，二上八下；我辞旧岁，九外一中。"上联指的是包饺子的动作，两只大拇指捏皮，其余八只手指在下面托着；下联描写的是做窝头的动作，一只手指在捏眼的时候在窝头内，其他手指在外面。

现在的小窝头用料更为丰富，以小米面、糜子面、玉米面和栗子面混合制成，富含多种营养成分，蒸煮过后为耐看的金黄色，上大下小呈可爱的尖塔状，塔底有个圆洞，乍一看去真像小小的面塑建筑。市场上售卖的小窝头极受时尚达人的欢迎，或许有人会感到困惑，这种在旧时让老百姓避之不及的吃食，怎么就变成了现代人争相购买的美食小点了呢？是人们越来越怀旧，还是好奇心作祟呢？都不是，答

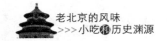
案是源于小窝头自身的魅力。

首先小窝头的外形能在一瞬间博得食客们的好感，它小而精致，形状有如金字塔，让人一看就有一种拿在手里把玩的冲动。再者小窝头的口感也很不错，有粮食的香味，还透着丝丝的清甜，又香又甜怎能让人不喜欢呢？最重要的是从现代营养学和现代养生学的角度来讲，粗粮比精粮对健康更有益，在以前的年代，人们都喜欢吃加工精细的大米白面，而现在，粗粮由于对人体具有种种好处，更加受到饮食达人的重视。

众所周知，玉米是小窝头的主要原料。专家曾对玉米、小麦、稻米等主食的营养成分进行过长达一年的研究，得出的结论是玉米的维生素含量最高，是小麦和稻米的5～10倍。此外，玉米不仅含有碳水化合物、蛋白质、脂肪、胡萝卜素，还含有核黄素、维生素等，这些营养物质可有效预防癌症和心脏病。

德国著名营养学家拉赫曼教授提出在当今被认为对人体有益的50多种营养保健物质中，玉米含有的营养物质就占了7种，它们是钙、谷胱甘肽、维生素、镁、硒、维生素E和脂肪酸。100克玉米中含有近300毫克的钙，这与乳制品的含钙量几乎不相上下，钙可以起到降血压的作用，因此玉米对高血压人群来说具有食疗功效。玉米中的天然维生素E可以加速细胞分裂，延缓衰老，起到美容护肤作用。玉米含有的玉米黄质和黄体素可延缓眼睛衰化，多吃玉米还能刺激脑细胞，提高记忆力。

由此可见，常吃玉米面制作的小窝头既能满足口腹之欲，又能抗癌和美容养颜，还能增强机体抵抗力，使人变得更加聪明，难怪时尚达人都喜欢吃小窝头了。

在1956年的国庆节上，我国就曾用4000个惹人怜爱的小窝头来招待外宾，一场窝头宴吃得宾主尽欢，许多国际友人异口同声地喊着：金字塔！金字塔！这个比喻堪称绝妙，从此，小窝头就成了载誉中外的中华名小吃了。

2.饱暖之后为何求

北京北海公园的仿膳饭庄以甜点小窝头而名噪京华，这里小窝头与众不同。小窝头大都是玉米面做成的，而仿膳饭庄的小窝头是一种精工细作的清宫御膳小吃，不同于民间的普通吃食，它是以黄豆和玉米精加工而成的细粉，佐以白糖和桂花烹制的名点。其外观呈小小的圆锥形，玲珑有致，犹如一座座微型金字塔，吃起来甜润清香，沁人心脾。因此，到北海公园游玩的游客，都喜欢到仿膳饭庄品尝小窝头。

小窝头的食材极为易得，且不名贵，小窝头也是非常平民化的小吃，为何就身价倍增，跻身于北京仿膳名点之列了呢？究其缘由，主要是与慈禧逃亡的历史有关。1900 年，八国联军侵华，攻进了北京城，义和团和北京军民众志成城，顽强抵抗，但是由于清廷的腐败和软弱，北京失守，侵略军气焰嚣张地闯进京都。对内统治时常施展铁腕手段的慈禧太后，面对欧洲列强的硝烟炮火立刻胆怯起来，为了自身安危考虑，她匆忙携光绪帝和一些宫女、太监、士兵趁着月黑风高，乔装成平民百姓，仓皇逃离了紫禁城，奔往西安。

由于出逃得太过匆忙，随身携带的食物十分有限，没过多久就吃完了。慈禧一干人等好不容易侥幸逃了出来，当然不愿再入险境，一路上都对自己的身份严加保密，唯恐惹祸上身，如此一来便得不到地方官员的照料，只能自谋生路。一路翻山越岭跋涉，四处杳无人烟，

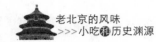
周围都是荒山和树林，慈禧筋疲力尽，饥肠辘辘，实在饿得快走不动了。可是在这荒郊野外，连个人家都没有，怎么可能找到吃的东西呢？慈禧饿得头昏眼花，开始大发脾气，随行的太监也都万分焦急。这时，有个叫贯世里的随从，掏出一个从民间讨来的玉米面窝窝头给慈禧充饥。人在饱暖之时对珍馐佳肴也会百般挑剔，但是在饥饿时吃什么都感到香甜。素来享尽宫廷玉珍奇馐的慈禧吃着这民间粗食，竟然觉得美味无比，边吃边连连称赞："太好吃了！想不到民间会有这么好吃的东西。"

不久，清政府与侵略者签下了不平等条约《辛丑条约》，八国联军撤出了北京城。慈禧闻讯后，急匆匆地回到了紫禁城，又过上了养尊处优的奢侈生活。可是御膳名肴吃多了，难免生厌，慈禧又怀念起了逃亡路上的那个香甜可口的窝窝头，于是令御膳房立刻做出这道美味进献给自己。这可给宫中的御厨们出了个大难题。窝窝头原是穷苦人食用的粗食，富户人家吃的皆是精细的米面，都对窝窝头不屑一顾，慈禧贵为太后，怎么能吃这种东西呢？

御厨们深知慈禧性情暴躁，喜怒无常，捉摸不定，哪敢抗旨不遵，于是按照普通窝头的样式，添加了黄豆粉、白糖和桂花，做成了较为精细的小窝头。慈禧太后一尝，顿感松软甜香，很是喜欢。自此，小窝头就成了慈禧常吃的美点。清朝的统治土崩瓦解后，小窝头也像其他清宫御膳一样，传入了民间，变成了北京有名的风味小吃。

现在人们在仿膳饭庄品尝这道甜品的时候，不禁会联想到慈禧外逃的那段历史。民间的一道再普通不过的糙食，由于慈禧的落难而一跃尊享宫廷名点的殊荣。与其说是这款小吃幸运，倒不如说是世事无常，人在困境中越发懂得满足，连温饱都受到威胁的时候，再粗劣的食物都能变成世间美馐。

第二十五章
炒疙瘩

舌尖记忆

◎老北京的炒疙瘩面绵软而筋道，肉嫩，菜鲜，香味醉人。小小的疙瘩呈金黄色，再配上各类蔬菜粒，整盘都是可爱的小粒，甚是令人惊奇，吃着很香又感觉颇为有趣。

◎疙瘩小小的，如黄豆般大，没有任何棱角，不细看，真有些分不清黄豆和面疙瘩，疙瘩特别有韧劲，菜香扑鼻，美美品尝一番，口中溢满了一股挥之不散的醇香。

1. 千锤百炼的面疙瘩

很多老北京人小时候不奢望别的吃食，就想日日都有一碗筋道的炒疙瘩吃。这种食物装满了日光的味道，温暖细致，尤其是千锤百炼的黄澄澄的面疙瘩和绿色蔬菜相映生辉，颜色和口感都配合得天衣无

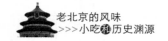
缝，令人记忆深刻。面疙瘩嚼劲十足，蔬菜新鲜爽嫩，牛肉肉质细腻，仅仅是一碗普通的面食，有肉、有面、有蔬菜，主副食合一，浑然天成，丝丝扣扣透着京味儿，让人不由得感叹老北京小吃的营养涵盖和美食深度。

炒疙瘩炒煮兼用，食之绵软中透着柔韧，醇香逼人，作为早餐、中餐、晚餐均可，也可当成平时的零食。这道别具特色的风味小吃已经有近百年的历史了，是老北京面食小吃当中不可多得的品类。其制作和选料都极为考究，制作面疙瘩时必须选用上等的面粉，加水和成较硬的面团，用刀切开后搓成直径为黄豆般粗细的长圆形，再揪成一粒粒黄豆粒般的小疙瘩，然后放入沸水中下锅蒸煮，需用铁铲贴着锅的底部顺着同一个方向以合适的力度搅动，频率为每隔1～2分钟搅动一次，搅动的目的在于避免面疙瘩沉入底部变得焦煳，还可拨开粘连起来的疙瘩。开锅后再煮3～5分钟，待面疙瘩全都浮上水面时捞出置于温水中浸泡3～5分钟后盛出。

选用牛肉最鲜嫩的部位，切成丝状辅以作料下锅煸炒，将面疙瘩倒入锅中，放入香油炒成好看的金黄色，依据不同时节配以蒜黄、菠菜、黄瓜丁、芽豆、青豆、南瓜、胡萝卜、豆芽、木耳、紫菜、葱白等蔬菜同炒，炒好后装盘即可食用。此菜黄绿相间，美观雅致，香气四溢，风味独特，备受广大食客青睐。

炒疙瘩的妙处在于颜色鲜艳，营养搭配全面，而且美味可口。绿色的油菜、菠菜、黄瓜生机勃勃，胡萝卜、黄豆芽、南瓜、红椒是黄红相配，十分喜人，白色的洋葱、葱白、山药淡雅素净，木耳、紫菜属暗色系，如此丰富的搭配怎能不让人食欲倍增呢？

小小的面疙瘩，就像是有滋有味的日子，需细细品尝，才能体会到它的魅力。它之所以这么柔韧爽口，是因为历经了蒸煮、水浸和热炒，如此冷热交替的洗礼才使得它富有韧度和弹性。它与滚水、热油、各类蔬菜热拥、分离，内里一点点变得柔软而富有韧性，最终超越平凡成为了全新的自己。面疙瘩的清雅是修炼出来的，而非一蹴而就的，就像人生，只有经历风雨才能见到美丽的彩虹。每当品尝老北京的炒疙瘩时，就像在感悟老北京人的各色人生，或许每个人的人生都有自己的曲线，但是其中的曲折和艰辛大抵有些相似之处，一马平川的人生固然让人艳羡，可是真正有意境、有追求的人生就应该像炒疙瘩一样，历经考验方现华章。

小时候喜欢吃炒疙瘩是被其美味所吸引，长大后爱吃炒疙瘩是由于某种对人生和生活的顿悟。一碗炒疙瘩，五彩缤纷，别有滋味，肉食和蔬菜珠联璧合，面食弹滑爽口，好比经受过人生种种后才赢得的美好生活，是幸福的味道，极为自然又无比丰盛。

2. 旧时穆家寨，现世恩元居

炒疙瘩的创始人是穆氏母女。民国初年，母女二人为了生计，在北京宣武区虎坊桥东北的臧家桥选址开设了一家面食餐馆，取名为"广福馆"。小店主营各类廉价的面食，成本较低，利润十分微薄。由于面食馆的饭菜没有什么特色，刚刚营业的时候，生意非常冷淡，母女俩勉强维持日常开销。

有一天，店里和好了十斤面，可是眼见白日将尽，面粉还剩下一半有余，如果再不把它做成面食，非变质不可。天色已晚，不可能有太多客人光顾这家小小的面食馆了。母女俩望着盆里的面，愁眉不展。本来经营这家小店就赚不到什么钱，一下浪费这么多面，非赔本不可，

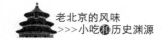
想不到谋生是这样艰难啊！

母亲见女儿在这样朝气蓬勃的年龄却开始垂头丧气，心有不忍，便柔声安慰说："莫要着急，这面如果卖不出去，我们自己吃了便是了。"说罢，就挽起袖子把剩面揉了揉，揪成一个个略大于骰子的小疙瘩，下锅蒸煮了一段时间，待煮熟后捞出放在阴凉处慢慢晾干。晚餐时间到了，这些清水煮出的面疙瘩索然无味，入口定是难以下咽。母亲于是就添了点青菜，将面疙瘩下锅炒了，孰料这种随意发挥做出的面食，吃起来竟然别有一番风味。这下母女俩不用犯愁了，把剩下的面全部做成炒面疙瘩便是了，无论是自己吃了还是出售给了顾客，都比白白浪费了要好。

第二天，母女二人经商量后，决定向顾客推出她们偶然自创的新式面食，还给这款面食取了个简单又形象的名字，叫作"炒疙瘩"。客人们倍感新鲜，之前这个小店中规中矩，提供的都是寻常饭食，大家早就吃腻了，而今听说有全新的面食，都争先恐后地购买品尝。这炒疙瘩口感良好，味道鲜香，价格又非常实惠，深受顾客欢迎，剩下的几斤面很快就变成了香喷喷的炒疙瘩，一会儿工夫就被抢购一空。

此后，母女俩对炒疙瘩这款新问世的美食进行了多方面的改进，在制作工艺和配料上苦心研究，终于开创出了独树一帜的面食小吃。由于广福馆地处臧家桥的南侧，恰好占据了堂子街、韩家谭、五道庙、杨梅竹、斜街的五道路的路口位置，布局犹如一座山寨。又因为店主姓穆，家中无男性，一些读书人就戏谑地称广福馆为"穆家寨"，称店里的姑娘为"穆桂英。""广福馆"的店名逐渐被人们遗忘，世人只知道卖炒疙瘩的面食馆叫作穆家寨。

母女俩勤劳肯干，手艺高超，炒疙瘩渐渐地有了名气，很多经常出入琉璃厂的文人雅士都慕名来穆家寨品尝炒疙瘩。一名书法家吃完炒疙瘩后，诗兴大发，随口赋诗一首："廿载蜉游客燕京，每餐难忘穆桂英。寄语她家女招待，可曾亲手去调羹。"著名画家胡佩衡和于非暗在品尝过炒疙瘩之后，为了表达对炒疙瘩的喜爱之情，将自己的亲笔字画赠送给了穆家寨。可见当年文化名人对炒疙瘩是多么推崇备至。

后来穆老太太过世了，穆家寨由穆姑娘一个人独立支撑，制作的炒疙瘩始终保持着原来的风味。新中国成立之初，穆姑娘也驾鹤西去了，穆家寨停止营业，人们喜爱有加的炒疙瘩差点随着穆氏母女的离世而消失于人间烟火之中。人们以为炒疙瘩的制作工艺就这样被湮没了，殊不知河北河间府的马东海兄弟早就得到了穆姑娘的真传，完全掌握了制做炒疙瘩的手艺。

穆家寨虽然后继无人，马东海兄弟却将这款传统小吃带到了新开设的恩元居，在自主创业的同时，还不忘不断地提升炒疙瘩的口感和品位，他们在保留穆家寨炒疙瘩的优良传统的基础上，在选料和配料上有所改进和创新，做出的炒疙瘩不假煎炸却香气扑鼻，色泽金黄，配以绿色蔬菜映衬，黄绿成趣，既好看又能增进人的食欲，和各种风味佳肴相比几乎毫不逊色。恩元居的炒疙瘩在马东海兄弟的精心经营下，很快就声名鹊起，并获得了"陈家门楼穆家寨，恩元居的炒疙瘩"的高度评价。

许多餐馆纷纷效仿恩元居的炒疙瘩，不过制作工艺和配料与恩元居相比起来仍有较大差距。恩元居一直是北京城制作炒疙瘩最好的餐馆，迄今为止尚未有出其右者。炒疙瘩能成为北京名吃，凝结着穆氏母女两代人的心血和马东海兄弟的数年辛劳，而今穆家寨已不存，唯有恩元居风光依旧。历史已成为烟云，然而有关炒疙瘩的故事却一直

流传了下来。而今我们品尝炒疙瘩时，很难想象穆姑娘的芳容，但是她勤劳工作的样子应该与马东海兄弟有很多类似之处。一款美食小吃的诞生和传世需要的正是这种兢兢业业的精神，这种敬业精神形成了一股巨大的能量，聚集在炒面疙瘩的工艺里，使它变得更浓香、更美味。

第二十六章
羊眼包子

◎羊眼包子，个头小得离奇，皮
又薄又软，吃起来分外柔韧，馅料较
为丰美，做工也精细，外形精致好看，
咬上一口香味沁齿，颇有几分厚味，
可谓是包子中的极品。

◎我对吃过的东西印象都特别深
刻，尤其是羊眼包子，每次想起都会口水淋漓，那泛着油光微张着小
口的小包子，馅多肉满，吃一口，满嘴鲜香、妙不可言。

1．小若羊眼的包子

羊眼包子的名字不禁令人困惑，包子为何要叫羊眼呢？这是因为
羊眼包子个头非常小，几乎与羊的眼睛差不多大，故而被称作羊眼包
子。其特点是面皮十分薄，肉馅极多，香味浓厚，乍看上去像一盏盏
漂亮的小灯笼，又似一朵朵清雅别致的菊花，制作得非常精巧，堪称

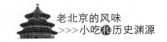

手工艺品，令人垂涎又不忍食用。

羊眼包子属于回族美食，也是老北京的名小吃，由于这种包子选料精，制作费时，所以回族人不常售卖，平时自己也不吃，只在回族的三大盛大节日即开斋节、宰牲节、圣纪节时才会专门烹制食用。羊眼包子小巧玲珑，馅料十分丰富多样，深受大众喜爱。有的人喜欢一口一个包子的乐趣，有的人则喜欢小口小口地品尝，无论怎么个吃法，都是鲜香无穷。

在小吃店售卖的羊眼包子多是用大笼屉蒸的，做包子的师傅飞快地擀出了又圆又薄的包子皮，而后用扁竹片挑起馅料放在面皮里，只捏了几下就做成了一只小小的别致的包子，动作快得让人看不清。待包子蒸熟了，打开笼屉盖，升腾的热气伴着袅袅的香气冉冉升起，直往鼻孔里窜，那些等候购买的食客们馋得不住地分泌唾液。刚出屉的羊眼包子小得让人怜爱，外皮微微有点泛黄，那点油光使它看起来更显娇艳了，包子褶露出的油为整个小包子涂上了一层金色，让人一看就更有食欲。羊肉大葱馅的羊眼包子更是一绝，羊肉的鲜美和大葱的香味相得益彰，馅料制作得十分精细，以至能品出葱味却见不到半点大葱。羊眼包子的形状和味道都极富美感，让人见一次就会留恋，吃一次就会想念，越吃越想吃，恨不得一口气买上几屉，慢慢享用。

羊眼包子美味，是因为其选料和做工都极其讲究。就拿羊肉馅料的羊眼包子来说，需精选小绵羊的前胸肉，这样才能保证肉馅鲜嫩的口感。具体做法是将羊肉剁碎，加入黄酱、面酱、酱油、香料、大葱白、香油、精盐、花椒水等作料拌匀做成包子馅。取上等面粉和面，放入适量的白糖和碱，揉好后擀成一个个又小又薄的面皮，然后用面皮包裹肉馅，做成羊眼般大小的小包子，上屉蒸煮即可。注意酵面一定要揉匀饧透，蒸煮时采用沸水旺火素蒸，以外皮光滑不黏手为佳。

羊眼包子口感柔滑松软，馅料无比鲜美，咬一口便口齿留香。如果自己掌握好了制作方法，便可以随时大饱口福了。

2. 饮馔宫廷：康熙钦点，慈禧喜食

羊眼包子之所以能够名扬京城，民间流传着两个传说故事，一个是与康熙帝有关，一个是与慈禧有关，前者的流传更为广泛。相传一次康熙帝装扮成平民微服私访，来到了京城前门外，闻到街旁的包子铺飘出的缕缕香味，感到有些饿了，便与随从径直走进了羊肉包子铺。

掌柜的一眼就看出来客器宇轩昂，有帝王之相，于是恭恭敬敬地奉上了两杯盖碗，向康熙问完安之后，说道："不怕爷恼，爷在里边什么奇珍异馐没吃过，而今屈尊来小店吃羊眼包子，小民真的不敢孝敬。"康熙知道自己九五之尊的身份已被眼尖的掌柜的识破，却佯装不知情，依旧坚持要品尝羊眼包子。掌柜的自然不敢抗旨，只好赔着笑脸说："爷肯赏脸吃小店的包子，是小民的福分，请爷稍等片刻。"

少顷，掌柜的端来一盘热腾腾、香气扑鼻的小包子，个头小得出奇，康熙好奇地夹一只放在碟子里观察，只觉香气夺人，放在嘴里品尝一番，味道异常鲜美，可是康熙把小包子瞧了个遍也没发现"羊眼儿"，便问掌柜的："我怎么没有看见羊眼儿啊？"掌柜的回答说："爷有所不知，这包子没有羊眼儿，不过是包得精心些，个头像羊眼一般大小，所以才叫'羊眼包子'。"康熙一连吃了两个，觉得十分可口，遂让掌柜的呈上笔墨纸砚来，即兴赋诗一首歌咏羊眼包子，还传旨道："朕觉得羊眼包子滋味甚好，可常送到宫中来，让内务府开银便是。"

从此，羊眼包子声名鹊起，名震京华，四九城里的回族纷纷做起

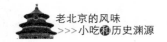
了羊眼包子的生意，使羊眼包子成为了誉满京城的一道美食。

另外一个传说故事是：慈禧幼时家贫，其父把她卖与潞安府衙惠征当丫鬟，因为脚上有两颗贵气的"凤凰痣"而时来运转，被惠征夫妇收作养女，非但没有成为粗使丫头，还备受宠爱。惠征夫妇甚至将其视若己出，悉心培养，希望她能出落成蕙质兰心的大家闺秀，便为其取名为玉兰。玉兰聪颖过人，又长得天生丽质，还精于读书和刺绣。长大成人以后，更加注重各种礼仪，笑不露齿，含蓄温婉，吃饭的时候也总是张小口，保持端庄的仪态。

一天在吃午餐的时候，餐桌上摆了一盘色白味香的大包子，玉兰被深深吸引了，文雅地咬了一小口，却发现她擦的唇脂在包子上留下了醒目的红印，便对养母抱怨说："这包子包得也太大了，唇脂沾得到处都是，还是让厨房的师傅做些小包子来吃吧。"惠征夫人就对家厨说："把大包子端走，多蒸些小包子给玉兰吃。"家厨说："这包子不是我亲手做的，是在外面的包子铺买的。"惠征夫人说："你问问包子铺的师傅，可否做些小包子送到府上。"

一会儿工夫，包子铺就有人送来了一盘小得离奇的包子，玉兰一口就能吃下一个，不用再担心唇脂印在包子上了，连连赞叹包子好吃，并说包子小得像羊眼，既可爱又好看。此后玉兰每天中午都会吃这种小包子当午餐。入宫成为大清西太后以后，羊眼包子依然是她最爱的午餐点心。

Part5

粗料细作方为肴——肉食篇

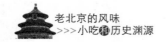
第二十七章
炒肝儿

◎炒肝最地道的吃法是转着碗边吸溜着吃，上好的炒肝色必须使用传统的黄酱，色泽浅黄，猪肝滑嫩，猪肠肥美软烂，芡汁浓香清澈，种种滋味尽在不言中，一大碗满满的，好吃又实惠。

◎一小碗炒肝外加两个包子曾是老北京人最经典的美食搭配，而今许多老北京人馋瘾来了的时候，还会专门到餐馆吃上一大碗炒肝，如此简单粗糙的食物却传承了百年的京味儿，这种地道的味道是无可复制的，这也是炒肝屹立于小吃之林中的资本。

1．一声过市炒肝香

提及炒肝容易让人望文生义，误以为是炒制动物肝脏，其实这道小吃名曰炒肝，主要食材却不是肝，而是肠，肝只是点缀而已，真有几分喧宾夺主的意味。另外，制作过程主要是煮而并非炒，说到这里，你一定会认为炒肝是名不副实了。但是先不要失望，老北京人都形容它是"稠浓汁里煮肥肠，一声过市炒肝香"，足见它的美味。

"一碗炒肝，两个包子"是老北京人最喜欢的早餐搭配。刚出锅的炒肝，呈诱人的酱红色，放进小碗里，芡汁晶莹清澈，稠度合口。猪肠绵软略有嚼头，带着一股特别的香味，并夹着浓浓的蒜香，猪肝也是软软的，再吃上两个包子，堪称绝妙的搭配。

炒肝的味香醇厚，口蘑汤熬煮得恰到好处，既不会稀到失了原味，也不会稠到没了汤水，汤汁透出的香味绝对令人闻之即垂涎三尺。猪肥肠被精心烹制后，全无异味，切成了五分长的"顶针儿段"，夹一块放在口中慢慢咀嚼，又香又有嚼劲，肠中的油脂丝毫没有流失，入口即化，满口脂香。猪肝虽是寥寥无几，但经过精心地翻炒后，味香浓重，极为美味。

在北京城，越是平常的食物越是易于根植于老百姓的记忆深处。就拿炒肝来说吧，不过是再普通不过的早餐而已，食材也只是随处可见的猪下水，配料也仅有葱蒜，但是老北京人就是喜欢。从清代开始，老北京人就这样日复一日、年复一年早上一碗炒肝，不知度过了多少寒暑，即使到了美食行业蓬勃发展的今天，它仍然经久不衰，依旧受到北京市民的推崇。

以角色而论，肥美的猪肠才是炒肝的当家花旦，猪肝不过是个配角罢了，或许是由于肝为珍贵食材，大量耗用会抬升食物的制作成本的缘故吧，于是猪肠在精工细作之后就开始大放异彩，可肝所占分量虽少，做工却甚为讲究，上乘的炒肝都是精选肝尖来烹制这道菜的，肝尖的口感和味道胜于肝脏的其他部位数倍，切肝尖也是有严格的标准的，需斜切成柳叶状的肝片。

猪肠是炒肝尖的主料，烹煮猪肠非常考验厨师的厨艺。由于猪肠多有难闻的异味，为许多人所厌嫌，所以必须把猪肠泡在碱和醋水中反复搓洗，唯有如此才能彻底清除肠子的异味。将猪肠洗净后，先用大火再改用文火炖煮，火候的大小必须掌控好，时间也必须拿捏准确，如果火候过小或时间不足，猪肠就会生硬难嚼，完全丧失筋道润软的口感。为了保留好肠内的油脂，一定要加盖锅盖密封，这样才能保证炖制的猪肠嫩滑爽口，油亮泛光。

炒肝的汤汁制作时也怠慢不得，必须要以口蘑汤作原汤，汤水沸腾后加入顶针段的猪肠，放入鲜酱油、蒜泥、黄酱熬煮，最后添入猪肝、葱花、蒜末、味精勾芡成活。

一声过市炒肝香，这炒肝散发出来的屡屡香气，勾起了老北京人对往昔旧时光的多少回忆。炒肝是老北京人的日常早点，尤其是在天气转凉的秋季和朔风呼啸的冬季，大清早吃上这么一碗热腾腾的汤饮，从胃里一直暖和到心坎上，别提多滋润多舒坦了。炒肝的吃法十分特别，不用筷子也不用汤勺，食客只要一只手拖着碗，大拇指慢慢地推着碗边，其余四指跟着动，不疾不徐地转着，吸溜吸溜地抿着吃。这么吃的好处是即便汤汁见了碗底，还是热乎乎的，而且也没变稀，味道还是那么醇厚，口感还是那么腴润。

2. 会仙居创制炒肝始末

老北京人酷爱炒肝，那么这味小吃是怎么起源的呢？民俗专家认为老北京的炒肝是由宋朝时期的"熬肝"和"炒肺"演变而来的。炒肝是加水炖煮而烹制的，但汤汁浓香，浓稠合适，稀汤较少，故而用炒比用煮更贴切。

还有一种说法是炒肝的创制与刘氏兄弟和杨曼青有关，这是流传最广的版本，也是被普遍认可的一种说法。据有关史料记载，北京城出现了一家叫作会仙居的小酒铺，当时的会仙居名不见经传，不成规模，菜品也极为有限。到了民国初年，店主刘氏兄弟最初经营的是白水杂碎，即把猪肠、猪肝、猪肺等下水切好后加入调料用白汤熬煮，由于作料过于单调，制作又过于粗放，故不为食客喜欢，生意一直不见起色。刘氏兄弟也想过要改进制作工艺，可是研究不出个所以然来。

一天，会仙居的老主顾时任《北京新报》主持人的杨曼青再次来到店铺就餐。他对京城的风土人情兴趣浓厚，在这方面也有一定研究，时有文章见诸报端，还发表了不少著作，见小店的白水杂碎如此不受顾客欢迎，便提议去除猪心和猪肺，添加酱色勾芡成一道新菜。凭借对美食的了解，他对新菜的主料、辅料、制作方法和名字都提出了颇为中肯的建议。他认为烩肝肠太俗，炒肝甚好，于是就将此菜命名为炒肝。

刘氏兄弟觉得杨曼青所言句句在理，其建议很有商业价值，遂按照杨曼青所说的方法烹制这道佳肴。

这道菜汤汁莹亮透明，猪肠肥美软滑，猪肝又嫩又鲜，异常味美，

一经问世，就大受欢迎，店铺规模逐渐扩张。因为杨曼青是炒肝的发明者，自然对其钟爱有加，于是就凭着一支生花妙笔在报刊上发表了多篇盛赞猪肠、猪肝营养价值的文章，又写书赞美会仙居的炒肝，进一步扩大了炒肝的知名度。会仙居每日都是门庭若市，刘氏兄弟忙得不可开交，当时老北京流传一句歇后语"会仙居的炒肝——没早没晚"，会仙居的营业时间之长、工作强度之大由此可见一斑。

会仙居名声大振后，引得许多饭庄纷纷效仿，于是炒肝就像新雨过后的种子一样在京城大大小小的饭馆遍地开花。民间出现了很多和炒肝有关的歇后语和俏皮话。把小吃名称纳入歇后语的现象在北京并不多见，与炒肝相关的歇后语如此之多，足见大众对它的关注程度之大。

第二十八章

爆 肚

舌尖记忆

◎爆肚最好吃的部位是肚仁、散丹、蘑菇头，肚仁韧滑脆嫩，散丹和蘑菇头又香又脆，吃一盘爆一盘，越嚼越香，现吃现爆才能吃出鲜嫩的口感来，配上小料一蘸，简直美得不得了！

◎肚仁和散丹干净耐看，肚仁白白的，泛着光亮，散丹切得很均匀，入口脆嫩又有嚼头，吃爆肚就得吃出脆嫩劲儿，嚼得咯吱咯吱的，才算吃出了齿感，吃得太含蓄就不地道了。爆肚的吃法表面上看比较原始，其实是很讲究的，牛羊肚分出了那么多部位，蘸料还根据地域不同划分为南料和北料，老北京的小吃就是这样，看着平凡，吃着讲究。

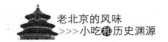
1. 鲜脆爽利的爆肚

老北京人讲究"吃秋",又有俗语称:"要吃秋,有爆肚。"说的是到了立秋以后,老北京人要大鱼大肉贴秋膘,尤其喜欢吃爆肚。爆肚是老北京非常著名的一道小吃,据说最早出现于乾隆年间,到了清末民初时已经变得十分盛行,四九城里出现了不少经营爆肚的饭馆,其中以东安市场的爆肚冯、爆肚王,天桥的爆肚石,门框胡同的爆肚杨较为知名。

以食材划分,爆肚分为牛爆肚和羊爆肚,牛爆肚只有牛百叶和牛肚仁两种,羊爆肚就丰富多了,包括羊散丹、羊肚领、阳面肚板、阴面肚板、蘑菇儿、蘑菇儿尖、食信儿、葫芦儿、大草牙。按照制作工艺来分,爆肚分为芫爆、油爆和汤爆三种,其中前两种是大菜,只有第三种是小吃。

现在人们经常食用的爆肚大多属于第三种,汤爆也称水爆肚,对食材的选择较为挑剔,只适用于羊肚和牛百叶。羊肚较为细滑柔软,清洗干净后色泽较白,十分耐看。爆肚可分为四个部分,紧邻食道的部位是第一部分,这部分瘤胃最大,上面有个肉瘤,叫作肚板,肚板是由两大块组成的,连接它们的是厚厚的肉峰,是口感最嫩的部位,俗称肚领。剥除肚领的皮,里面白白的净肉叫作肚仁,它是整个爆肚的精华。第二部分是环环相连的方形蜂窝胃,俗称肚葫芦。第三部分为重瓣胃,好似多页折叠的布片,便是散丹,也称百叶,此部位柔嫩程度仅次于肚仁。第四部分为皱胃,即动物的胃,称为肚蘑菇,可能是因为其口感滑软如蘑菇而得名,临近肠道的极细的一段叫作蘑菇尖。

爆肚当中价格最高的是肚仁，百叶和肚蘑菇次之，肚板最廉价。餐馆要按照食客指定的部位下锅烹制。肚仁的口感十分鲜嫩，吃起来又软又滑，非常有嚼头，据说好几个肚才能爆出一盘。蘑菇尖也是很金贵的，一只羊只有一小块，做一盘也需要宰杀好几只羊。

制作爆肚材料一定要新鲜，要选用头天晚上宰杀的牛羊之胃，反复清洗干净后切条备用。爆肚好不好吃，关键在于爆的功夫上，烹制时火力一定要足，时间也要掌握得当，爆肚的大部分部位都较嫩，软嫩的肚尖、肚仁，四五秒的工夫就能在沸水中爆熟，最老的厚头水爆所用的时间最多也就十二三秒钟，不同部位所爆的时间均不相同。爆肚的时间需要精确到秒，对厨艺的精确度要求很高，如果把握不好，做出的爆肚或者过生嚼不动，或者过熟而失去了脆嫩的口感。对此，《燕都小食品杂咏》中说："入汤顷刻便微温，佐料齐全酒一樽。齿钝未能都嚼烂，囫囵下咽果生吞。"又说："以小方块之生羊肚入汤锅中，顷刻取出，谓之汤爆肚，以酱油葱醋麻酱汁等蘸而食之，肚既未经煮熟，自成极脆之品，食之者，无法嚼烂，只整吞而已。"可见爆肚必须鲜、脆、嫩、爽口才算合格。

爆肚的汤不过是加了葱和花椒的白水，淡若无味，要佐以芝麻酱、酱油、辣油、香菜、乳腐卤调成的蘸料同食才更有风味。吃爆肚要"先吃香后吃脆"，即先吃最有嚼头的肚仁，让这股鲜香在口中肆意流窜，美美享受一番后，再吃上一盘脆脆的百叶，才算过瘾。吃爆肚最主要是要吃出齿感来，千万不要过于文雅，嚼得咯吱咯吱响才显出它又脆又香。多数人食用爆肚时喜欢喝点酒，配以烧饼同吃。由于爆肚鲜脆不油腻，又有健脾养胃的功效，所以一直深受京城百姓喜爱。

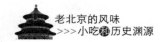
2. 金北楼做客爆肚冯

据说爆肚之所以有十多种吃法，是由于清末的贝勒喜吃牛羊肚的不同部位而发展出来的。当时不单王公权贵喜食爆肚，文化名人也对爆肚青睐有加，其中有不少人是爆肚冯的座上宾。

相传光绪末年，时逢夏末秋初，我国著名法律学家和书画家金北楼离开上海赴京就职，出任法制馆协修，处理完公务以后，到鼓楼一带遛弯。刚刚穿过地安门就巧遇大清第十二代达尔汉亲王那木齐勒色楞，亲王也刚从内蒙古来到北京，之前两人在北京东城比邻而居，交往甚密，再次相逢都感到十分高兴。那木齐勒色楞亲王一袭便装，丝毫没有一点架子，见了金北楼便礼貌地行礼，寒暄道："金先生是何时回来的，为何不到本王的舍下叙叙旧呢？"金北楼说："之前在上海组织画会，现在奉命回京协理法律事务。"那木齐勒色楞亲王说："先生在外留学多年，现在终于可以一展宏图了。""哪里哪里。"金北楼连连谦虚地说。

那木齐勒色楞亲王又提出要向金北楼讨教绘画技法，这绘画乃是一门高深的艺术，岂是在大街上三言两语能说清的，金北楼便提议两人还是找个茶舍交谈为好。那木齐勒色楞亲王掏出怀表一看，晚饭时间就快到了，便说："不如我们找家饭馆吧。东安门市场附近有一家爆肚馆，掌柜的姓冯，人称爆肚冯，据说那里的爆肚味道不错，走，到那尝尝鲜，边吃边聊。"说罢两人就一起前往爆肚冯的饭馆就餐。

这爆肚冯饭馆原是山东人冯立山创建的，后来由其子冯金河打理，冯记的爆肚有四大法宝：一为选料精细，多选用较大的牛羊，取其胃烹制；二为刀工一流，小小的牛羊肚按照不同的部位完整分开，肚仁儿、肚领儿、蘑菇头儿……各归其位，切好的肚丝细若韭叶，而且必须横断纤维；三为火候恰到好处，火力十足，水沸之后牛羊肚细嫩的部位下锅三五秒钟便熟，较厚的肚板爆熟仅需七秒钟，肚葫芦、肚领、肚蘑菇八秒爆熟；四为蘸料到位，风味独特。

金北楼和那木齐勒色楞亲王进店便点了两盘爆肚，一会儿工夫一盘肚仁就摆上了餐桌，这肚仁清洗得干干净净，刀工到位，看起来十分整齐。金北楼不明白他们分明是要了两盘爆肚，为什么只端上了一盘，是不是店小二搞错了。当他说出自己心中的疑问时，那木齐勒色楞亲王笑了："这是店家的老规矩，叫做'一份一爆'，这样随吃随爆才能保证爆肚的鲜嫩口感，否则就走味了。"他刚解释完，另一盘爆肚也端上了餐桌。两个人尝了几口，果真又脆又香，金北楼赞叹不已。那木齐勒色楞亲王又说："我向诸多好友推荐过爆肚，他们都很喜欢吃呢。"金北楼赞同地说："此风味确实不错。"

吃完爆肚后，金北楼就爱上了这道美食，后来他经常和书画界的朋友聚在一起吃爆肚论书画。"爆肚冯"成了他们首选的聚会场所。爆肚冯在这些文化名流的推动下，声名彰显，后来迁往门框胡同，其风味爆肚至今盛传不衰。

3. 爆肚飘香，名人痴狂

老北京的很多文人雅士和戏曲界人士都非常爱吃爆肚，戏剧大师梅兰芳就曾以爆肚王的爆肚当夜宵。

爆肚王的第二代传人王金良还在少年时就开始负责经营爆肚的食

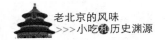
摊，食摊虽然规模不大，但是做工讲究，口味地道，吸引了不少豪绅贵族到此寻香。20多岁的时候，金玉良在东安市场开设了店铺，取名为"西德顺"。店内的陈设极为考究，家具是专门从金钟庙的天成、广兴、龙顺等老字号购买的榆木擦漆的木器，盛器规格统一，筷子是乌木所制。由于爆肚王十分有特色，口碑不错，慕名而来的客人非常之多。许多出身名门的世家子弟吃腻了大鱼大肉和各类珍馐，就想换换口味，于是就有不少人到爆肚王那尝鲜。

由于爆肚王的店铺临近吉祥戏院，老北京的文艺界名流也时常光顾王金良的小店。梅兰芳、马连良、程砚秋、小白玉霜是那里的常客，有时梅兰芳因为要在台上演戏，不能及时到店里买爆肚吃，她的夫人就事先到爆肚王那里买好爆肚在剧院后台等候着，梅兰芳演出完毕后，就以爆肚当夜宵。其实爆肚刚爆熟时食用口感最好，凉了味道难免打折，但是梅兰芳还是愿意把它当作夜宵吃，可见当年他对这道美食的喜爱程度之深。

说起对爆肚的喜欢，就不得不提一下文化名人梁实秋，他不但是个文人，称其为美食家也不为过，若论好吃、会吃和雅吃，京华的食客多半是望其项背，关于爆肚他曾在《雅舍谈吃》中写道："肚儿是羊肚儿，口北的绵羊又肥又大，羊胃有好几部分：散丹、葫芦、肚板儿、肚领儿，以肚领儿为最厚实。馆子里卖的爆肚以肚领儿为限，而且是剥了皮的，所以称之为肚仁儿。爆肚仁儿有三种做法：盐爆、油爆、汤爆。"足见其对爆肚的了解。相传梁实秋赴美留学后，还时常想念老北京的爆肚。回国第一件事不是和家人团聚，而是先寄存了行李，直奔售卖爆肚的饭馆，一口气点了盐爆、油爆、汤爆三份爆肚，吃得忘乎所以。享用完之后，才起身回家。用他自己的话说那顿饭真是"平生快意之餐，隔五十年犹不能忘。"

　　著名作家苏叔阳在其作品《爆肚》中写到韩永利老爷子死前最后的愿望就是吃爆肚："爆肚儿，爆肚儿。一点儿，一丁点儿就得……"文字篇幅虽然有限，但是短短一句话凸显出了老人急切的心情，他自知将不久于人世，只要能吃一点美味的爆肚，哪怕只能尝一丁点儿也死而无憾了。大杂院的邻居为了实现他的愿望，满北京城寻找爆肚。这部京味儿作品真切反映出了京城百姓和老北京小吃的深厚情缘，一盘爆肚道出了北京的人情，热心的邻居并没有因为老人死前的贪嘴而说闲话，反而非常理解老人，热心地帮助老人圆梦。能让人在弥留之际牵挂的美味，在韩永利老爷子眼里，恐怕也只有爆肚了。

第二十九章
卤煮火烧

舌尖记忆

◎记得第一次吃卤煮火烧，见到小店门口架着一口老汤大锅，我禁不住诱惑，进去要了一碗，嚼着韧韧的火烧块，品着香浓的老汤，再拌上点辣油，吃得汗涔涔的，兴之所至，瞬间领略到老北京市井小吃的美味了。

◎吸足了汤汁的火烧、豆腐、下水味道非常厚重，寒风瑟瑟的冬日吃上一碗，热气从舌尖蹿到脚尖，碗里浮着绿油油的香菜、鲜红的辣椒油，还有金黄色的火烧和小肠、肺头，有汤有菜又有主食，种种吃食尽在其中，解馋又解饿，真是香极了。

1. 厚味深浓的平民小吃

有些吃食，你只要尝过几次就欲罢不能，也许它未必是什么山珍海味、宫宴珍馐，它可能是妈妈亲手包的饺子，或者是故乡的特色小吃，这些味觉上的记忆总是那么鲜明和深刻。对于老北京来说，卤煮火烧就是京城百姓最怀念的一道吃食。卤煮火烧很受老北京人欢迎，火烧切井字刀，豆腐切成三角形，小肠、肺头切剁成许多小块，浇上一碗热气腾腾、香气扑鼻的老汤，再佐以蒜泥、辣椒油、豆腐乳、韭菜花，那滋润劲儿真是无法用任何言语来形容。浸足了汤汁的火烧、肉和小肠，口感醇厚味浓，尤其是火烧透润不黏人、猪肉软烂入味，肉香浓郁，小肠煮到酥软，味道厚重，一点也不油腻，偶尔夹到一片白肉，满口都是脂香，品上几口老汤，让人心生荡漾。

卤煮火烧最大的特点是口味厚重，价格低廉，是老北京人尽皆知的一种大众化小吃。其实不要看它食料廉价，却出身不凡，本是清宫御菜演变而来，是旧时的贩夫走卒和其他体力劳动者也能享用得起的经济肉食。如今漫步在北京一条条烟火鼎盛的美食街，到处都能看见卤煮火烧的招牌，难怪北京小吃专家陈连生感叹说：卤煮火烧是代表北京小吃的一张名片啊！

卤煮火烧虽然价格较低，曾一度是经济条件较差的京城百姓的荤食，但是要制作这款风味小吃，从原料的选择到各道工序却有不少讲究。首先汤汁必须是老汤，卤煮味道是否正宗，奥秘就在这老汤上。这老汤是卤煮的原汤，循环更替使用，味道越来越醇厚。去油封存好，隔年还能使用。老汤的原料大多是家传秘方，较少外传。

其次，猪下水必须精心清洗。刚购买的小肠需用碱水加醋清洗，直到把小肠的异味洗掉为止。肺头绝不能出现瘀血，最好选用肺尖做食材。小肠切段、肺头切块，在老汤中熬煮数个小时候，香气四溢的

美食就做好了。

卤煮中的火烧必须是用戗面做的，否则嚼起来就不筋道，普通的火烧在翻滚的老汤中煮上几个小时，早就软烂了。戗面火烧经过数小时的熬煮，吃起来还是那么有嚼劲，虽是汤汁浸透了整个火烧，却丝毫不觉得黏烂，只感到那股浑厚的香味自唇齿间肆意地悠游回荡。

卤煮火烧的具体制作过程并不十分复杂，先把洗净的猪下水加多种调配好的香料放入老汤中熬煮，即将煮好时放入戗面火烧、炸豆腐片等，等到小肠、肺头完全熟透、火烧煮透又没有变形时盛出，浇上汤汁，根据个人口味佐以适量蒜汁、酱豆腐汁、香菜、醋、辣椒油等食用。一碗普普通通的卤煮火烧，所选用的食材和调味料有 20 余种，卤汁之中还添加了各种中药，因此卤煮火烧具有食补功效，非常适合在冬季吃。

卤煮火烧虽然制作起来难度不大，但要做得京味十足，绝非易事。老北京制作的卤煮火烧口味最正宗当属小肠陈了，小肠陈是卤煮火烧的发源地，旧址在北京城南的南横街，南横街是文化气息浓厚的核心地界，曾经会馆林立，从那里走出过曾国藩、康有为、谭嗣同等名人，小肠陈选址在南横街开设餐饮店，不但可以吸引南城百姓光顾，当时的梨园名角演完戏后常买一碗卤煮火烧当夜宵。小肠陈至今已有百余年历史了，制作的卤煮火烧肠肥而不腻，汤味浓香醇厚，火烧极有嚼头，堪称一绝。小肠陈历经百年岁月熬出的老汤，味道自然是非同凡响，这股沉淀下来的厚味和陈香随着时光流转显得更加浓烈芬芳。

小肠陈是经营卤煮火烧的百年老字号，选料严格，做工精细，分量十足，尤其是那锅独家配制的老汤，滋味地道醇厚，无可比拟。小肠陈虽是老字号，然而却一直随着消费者需求的改变而求新求变，旧时京城的劳苦大众喜食荤腥，现在随着人们生活水平的提高，饮食结构也在不断调整，小肠陈为了迎合大众的口味，把肠油择干净，为了提香，又在锅里添上两块白肉。小肠陈将传统的卤煮技术与现代烹调相结合，自创了"卤煮什锦火锅""卤煮砂锅"等系列餐品，又增加了一百多种下水原料烹制各种特色美食，受到业界广泛赞誉。

当今现代人享受美食，吃的不仅仅是风味小吃而已，人们追求小吃的文化、特色和品质。一碗"卤煮火烧"，浓缩的是老北京的风土人情和地域文化，寄托着京城百姓对美好生活的向往和期盼，也沉淀着小肠陈特色美食文化的百年历史。

2. 宫廷苏造肉与民间卤煮

卤煮火烧起源地就在老北京，它是地地道道的老北京小吃，纯粹程度不亚于国粹京剧。为何这样形容它呢？因为它脱胎于清朝宫廷美食"苏造肉"。

相传，乾隆皇帝微服出宫到江南巡视的时候，由地方官员陈元龙负责接驾。乾隆帝在陈元龙家居住的一段时日，发觉陈家的厨子张东官厨艺极佳，烧制的菜肴妙不可言，非常符合自己的胃口。直到回京，乾隆帝还是对陈家的家宴念念不忘，遂索性带着张东官一起回宫了，抵京后立即把他安排在了御膳房，这样他就能日日吃到这位大厨烹制的佳肴了。

张东官是个善于观察的人，在江南侍奉皇帝的日子他已经摸清了皇帝的癖好，知道乾隆喜欢口味厚重的餐品，于是就选用肥瘦相间的五花肉，配以肉桂、丁香、桂皮、甘草、蔻仁等多种香料制成一道香

喷喷的肉菜，这正对无肉不欢的乾隆帝的口味。张东官在香料的调配
上钻研了一番，依据时节的变化，用不同的分量配制多味香料，烹制
成各种肉汤，这些肉汤虽略有差异，但味道都十分鲜美，由于肉汤的
创制者张东官是苏州人士，所以就将其命名为"苏造汤"，其中的肉就
被誉为"苏造肉"。之后"苏造肉"这道宫廷美食流传到了民间，深为
平民百姓喜爱。《燕都小食品杂咏》中的一首诗就是歌咏苏造肉的，诗
文为："苏造肥鲜饱志馋，火烧汤渍肉来嵌。纵然饕餮人称腻，一脔膏
油已满衫。"可见苏造肉美味至极，称之为稀世之珍也不为过，从诗句
中我们可以看出那时的苏造肉与现今的卤煮火烧已经十分相似了。那
么它是如何演变成现在的卤煮火烧的呢？

这主要是"小肠陈"的创始人陈兆恩的功劳。清光绪年间，陈兆
恩以贩卖苏造肉为生。由于苏造肉的主要原料是昂贵的五花肉，价格
较高，只有达官显贵买得起，寻常百姓根本无力购买，没有机会品尝。
陈兆恩为了让劳苦大众也能尝到这道美食，苦心孤诣地对苏造肉进行
了改造，以便宜的猪头肉取代了五花肉，又添加了价格更实惠的猪下
水一起烹煮。就这样猪头肉和猪下水烹制的苏造肉成了普通百姓享用
得起的美味，在当时成为了一道非常受欢迎的风味小吃。

陈兆恩看到贫苦百姓吃得津津有味，心里倍感欣慰，为了让顾客
吃得更饱些，他把火烧放到老汤里一起卤煮了，与猪下水同食，加入
香菜和辣椒油，如此大家就不用另买主食了，吃上一碗卤煮火烧既耐
饥又美味，可谓一举两得。卤煮火烧问世以后，老北京的平民百姓有
口福了，引车卖浆者也能吃得起，尤其是那些常年从事重体力劳动的
工作者，可以从这款荤食中补充些营养和体力，日子过得更有滋味了。

卤煮火烧百年经典能够得以传承，这要归功于陈兆恩的后人。陈
兆恩的儿子陈玉田十几岁时就离开家乡到北京帮助父亲打理生意，他

踏实肯干，又十分好学，不但学会了卤煮火烧的家传技术，还能不断推陈出新，使得这味小吃成为享誉京都的美食，其本人也获得了"小肠陈"的荣誉称号。

本来家传绝学是传男不传女的，但陈玉田不是个守旧的人，他毅然把烹制卤煮火烧的技术传授给了女儿陈秀芳。陈秀芳没有辜负父亲的期望，在她的精心打理下，小肠陈的生意蒸蒸日上，她还不断创制全新的品类，获得饮食业一致赞赏。

卤煮火烧的开创，不仅满足了老百姓的饮食需要，而且为老百姓的单调生活增添了色彩，也为老北京特色饮食文化增添了一抹亮色。

3. 糙食精工亦成经典

卤煮火烧虽源自宫廷，却是地道的市井之物，在老北京食谱中的地位是颇为微妙的。过于讲究的文人雅士视之为糙物，对其嗤之以鼻，认为这种粗食难登大雅之堂，平民百姓又将其追捧为至宝，古今皆是如此，以经济的价格尽情享受一下肉的肥美和鲜香，不亦快哉。

其实卤煮火烧也并非专属于贫苦人的吃食，也有很多名闻京城的梨园名人和曲艺艺人钟爱这款美味。20 世纪 20 年代，梅兰芳、尚小云、新凤霞、谭富英、李万春、张君秋、马长礼常等到小肠陈品尝卤煮火烧，侯宝林、魏喜奎、关学曾也对卤煮火烧青睐有加。

北京的小吃由于特定的饮食文化传统，折射出了老北京人对人生和生活持有的态度，构成了独特的京都文化。皇城根下的北京子民，无论是天子贵族，还是黎民百姓，都讲究体面行业身份，在吃食上尤其如此。卤煮火烧纵横宫廷和民间，更是鲜明地体现出了清宫和市井

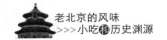
两种饮食文化的差异性和共同点。宫廷御膳当然要比市井小吃要精细，但是两者的共同之处却是在"讲究"二字上。食料可以廉价，但制作工艺却丝毫马虎不得，即使是粗食也得吃出豪华餐点的品质来，这便是一些名人也愿意去品尝民间小吃的关键所在。

卤煮火烧是北京小吃中的经典，便宜的食材加上宫廷的厨艺，绝对是物超所值。北京的街头巷弄，售卖卤煮火烧的店家随处可见，卤煮小肠开锅时，很远就能闻到那股浓浓的肉香味。不少食客闻香而至，痛痛快快地吃上一碗，味觉得到了满足，全身有一种说不出的舒坦和畅快。尤其是在风雪交加的天气，一碗卤煮火烧下肚，比烈酒还暖身，望着窗外飘零的雪花和灰蒙蒙的天空，喝几口老汤，嚼几口火烧，心情就会豁然开朗。

卤煮火烧属于北京美食精华中的一部分，那种舌尖上的快感就像逝去的美好旧时光，只需轻轻地品上几口，味蕾的触觉就能带着你穿越百年的京城烟云。美食是历史，是文化，是生活，也是信仰，是超越时空的信息传达，是古往今来情感的流通和汇集。

旧时，卤煮火烧使劳动人民把对于荤食的奢想变成了现实，而今它依然服务于广大人民群众，它是市井的缩影，如夕阳之下街头的风景一样真实鲜活，它又是生活的缕缕温情，温暖了一代又一代人的胃肠和心灵。吃一碗卤煮火烧，有种忆苦思甜的感觉，似水流年中，它的味道还是那么厚重绵长，比离愁更浓，比佳酿更醇，那一番滋味从舌尖直抵心坎，是馨香，是温暖，是回味，从不咄咄逼人，而是像溪泉一样在味蕾细胞和心房间缓缓流淌。

卤煮火烧反映的一种处世哲学便是无论是身处高位，还是跻身于平民阶层，都不要放弃对生活的追求，人的物质条件纵然相差悬殊，但这并不意味着平民大众完全被剥夺了享受生活的权利，普通人只要心存执念，也同样可以生活得有声有色。遥想当年，卤煮火烧让万千的劳动人民尝到了幸福的味道，而今这种幸福的感觉应该继续传递下去。拨开历史的尘埃，会发现不同时期的人们对幸福的定义其实有很多共同之处，比如说吃一碗卤煮火烧，那种幸福的感觉虽然古人和今人未必完全相同，但在一定程度上必有一致之处，这便是饮食的奥妙所在了。

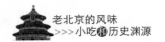

第三十章
白水羊头

舌尖记忆

◎小时候非常迷恋白水羊头的美味，在记忆中羊头肉永远都是那么新鲜，没有一点黏腻感，咬下去软嫩不柴，带有羊肉特有的清香味和鲜味，肉皮很筋道，比较有嚼头，椒盐有颗粒感，不是细细的粉末，蘸料里含有各种香料的味道，十分提味。

◎小酌时很喜欢用白水羊头做下酒菜，过去经常从小贩那里购买，售白水羊头肉的小贩肩背竹筐或者木箱，走街串巷地叫卖，吆喝时，弓腰抬头，一声"羊头肉啦——"，字正腔圆，调子拖得长长的，出售时是随切随卖的，肉片切得薄薄的，色泽洁白，夹一箸入口，清香爽口，不膻不腻，很是入味。

1. 白水烹煮的嫩羊头

正宗的白水羊头就是用白水煮熟的，不加任何调味料，甚至连盐都不放。由于白水羊头在烹制过程中，只加清水，调料一概不用，因此唯有羊肉的鲜香味，不含一点杂味，片下一盘羊头肉后，撒把大盐、丁香、花椒等精心做成的佐料，吃起来清新脆嫩，香而不腻。

《燕京小食品杂咏》中的一首竹枝词生动地描绘了白水羊头的特点："十月燕京冷朔风，羊头上市味无穷。盐花洒得如雪飞，薄薄切成与纸同。"头两句点明了吃白水羊头要吃凉的讲究，即夏天要冰镇着吃，冬天要冷吃，越凉越能吃出羊头肉的风味。凉吃羊头肉口感脆爽，带有羊肉特有的清香味，不油腻也不腥膻，而热的羊头肉软软的，一点也不脆，膻味较浓。故秋冬二季是吃羊头肉的好时节。过去的白水羊头都是在天气转凉以后才开始售卖，那时的羊头肉柔中带韧，十分筋道，耐品耐嚼。

第三句写的是椒盐的妙处。白水羊头最大限度地保留了羊头肉自身的鲜香味，煮制时不用调料，所以椒盐就成了最重要的配料。椒盐必须精工细作，先把大盐放在锅里用微火烘干，碾成粉末状，而后加入丁香粉、花椒粉和砂仁粉搅拌均匀，最好的保存方法是放在牛角里，这样既防潮又能保持它固有的味道。把椒盐挥洒得像飞雪一般，自然是夸张浪漫的文学表现手法，但是也一语道出了椒盐的妙用。

第四句写出了羊肉片之薄，售卖白水羊头的手艺人可谓身怀绝技，切得羊肉片片透明，薄如纸片，就算用鬼斧神工来形容也不足为过了。如果切得厚的话味道和口感就全变了。

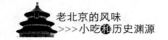
　　白水羊头佐酒食之，是老北京的经典吃法。北京民俗学家金受申在《老北京的生活》中说："北京的羊头肉，为京市一绝。切得奇薄如纸，撒以椒盐屑面，用以咀嚼佐酒，为无上妙品。"细细咀嚼羊头肉，咸香之余带有羊肉特有的清香味，这便是此风味小吃的真正妙处，秋天望着萧萧而下的落叶，边吃羊头肉边小酌，其乐无穷。冬季白雪飘零，烫壶好酒，赏雪啖肉亦是风雅。

　　白水羊头好吃，是因为选料讲究，做工精益求精。要精选产自内蒙羊龄两三岁、长着2对至4对牙齿骟过的白毛公羊，宰杀之后将羊头浸泡几个小时，目的是去除腥膻味。羊头必须洗净，先用竹刷反复刷洗羊头表面，清除浮尘和赃物，连羊的口腔、鼻孔和耳孔也要彻底清洗干净，羊舌也要掏出反复刷洗。待羊头沥干，用刀从其额头至鼻孔划开，下锅用水煮到七成熟时捞出。其过程与袁枚的《随园食单》大致相同："羊头毛要去净；如去不净，用火烧之。洗净切开，煮烂去骨。"其区别在于《随园食单》主张煮烂，而制作白水羊头绝不能煮烂，还需根据羊头肉的老嫩程度，依序下锅水煮。羊头肉煮好后要趁热剥离，将各部位的肉和舌、眼、脑、软骨分开，然后按羊脸、羊舌、羊眼、羊上膛等不同部位出售。

　　刀削羊头肉极具观赏性，售者持一把锋利无比的弯刀，飞快地将羊头肉削成薄得惊人的肉片，而且片片都连着皮，堪称一绝。片出来的羊肉色泽洁白，食之香嫩爽口，清香宜人。以前京城赫赫有名的羊头马有此刀工，羊头马始于清道光年间，距今已经有150多年的历史了，现在此技术已然失传了。而今能有此技艺的也算是老北京小吃界的能人了。现在多数白水羊头的售者刀工和手艺已大不如从前，和正宗的风味相差甚远，正当白水羊头这味小吃在传承方面面临严峻挑战之时，1999年，马国义打出了"羊头马"的招牌，次年即被列为"中华名小吃"，而今羊头马的白水羊头已经被纳入区级非物质文化遗产，在北京九门小吃有了固定的营业场所，这对喜欢这道小吃的老北京人来说的确是件幸事。

2. 民间故事：马纪元创立羊头马

京城羊头马烹制的白水羊头在京城可谓是闻名遐迩，那么羊头马名吃是怎么来的呢？

相传在道光年间的一年冬天，天气冷得出奇，寒风吹在脸上有如刀割，穿得再厚也丝毫不感觉暖和。一名名叫马纪元的回族年轻小伙衣着单薄地走在冰冷的大街上，他冻得直打战，身体直不起来，不停地用哈气暖手，但不能马上回家，再冷也得外出找个活计，因为他必须养家糊口，一家人的日常开销都指望他呢。

马纪元正为生计犯愁，路上忽然遇到个热心人，问他想不想赚钱。向他主动打招呼的是一家肉铺的掌柜的，马纪元一听，很是高兴，跑过去便应承下来。他想活脏活累不要紧，只要有挣钱的机会他就愿意尝试。掌柜的把他带到了肉铺的后院，只见那里停放着几辆车，车上载着牛羊牲畜。一些人手忙脚乱地上车驱赶牛羊，想要把它们转移到地面上，不知何故牛羊就是不肯下车，那些人费了九牛二虎之力也没能把它们赶下来。

掌柜的对马纪元说："你帮他们把牛羊赶进牲口棚里，完事后我付你工钱。"马纪元听后立即帮助大伙驱赶牛羊，天黑之前，把所有的牲口都赶进了棚子。领工钱的时候，马纪元里层的衣服都被汗水湿透了，可见这场人与牛羊的大战是多么激烈。掌柜的付钱的时候，很赏识地

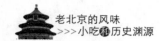
说："看得出你是个实在人，干活肯卖力气，以后再需要赶牛羊，就找你帮忙。"马纪元马上答应下来。掌柜的又给了他一点牛羊肉的下脚料，并说："脚料是要卖的，没办法多给你，羊头卖不出去，你可以多领些。"

马纪元这一天收获不错，不但挣了工钱，还得到了一点羊肉和好几个羊头。回到家里，就拿羊肉做晚餐，家人好久没食过荤腥了，高高兴兴地把羊肉一扫而光，只是这羊头应该如何处理是好呢？马纪元望着角落里的羊头，心里渐渐有了一个不成熟的想法。掌柜的说羊头无人问津，他尽可能多取些。这无人理会的羊头有没有可能成为风味美食呢？马纪元把羊头用清水蒸煮，捞出后撒上盐，佐以调料食用，可惜口感却远远不如想象中好。

马纪元并没有就此放弃研制白水煮羊头的想法，他向熟识的羊肉铺掌柜的低价购买了好多羊头，又备齐了调料，反复比较各种烹制方法，比如把调料和羊头一起下锅烹煮，或者把精心制作的佐料淋到羊头肉上，或者将佐料当成羊头肉的蘸料……他每日在家中煮羊头，乡邻们经常闻到好闻的羊肉香味从他家屋子里飘出来，甚是佩服他的厨艺。妻子却有些不愉快，认为他简直是着魔了，把家里搞得处处都是羊头味。

马纪元在白水羊头上倾注了大量心血，终于研制出了最理想的吃法，便走街串巷做起了贩卖羊头肉的生意。他用又薄又阔的刀片片出薄如纸张的肉片，在上面飞快地撒上椒盐，闻起来香气四溢，吃几口，又嫩又脆，鲜香无穷，食客们争相购买，生意越做越红火，于是他便给这种特制的羊肉取了个名字，叫作羊头马。

马纪元生意虽好，但没有止步不前，又花了几年时间升华自己的小吃，开始选用上好的羊肉作为食材，加以精心烹制，并在每道加工环节上精工细作，做出的羊头肉刀工细腻，薄到透明，肉味醇香，让人回味无穷，且每天仅售二十只羊头，保证每只羊头肉的新鲜口感，很快就建立了良好的口碑，羊头马白水羊头肉顺理成章地在京城打响了名号。羊头马的白水羊头由于风味独特，逐渐成了誉满京华的名小吃。虽然后来有不少人模仿他的烹制方法，但几乎没有人能做出羊头马的风味来，羊头马载誉京城一百多年，不曾被超越过，自马纪元创制独家白水羊头以来，相继传承了七代人，一直深受老北京人的喜爱，可见羊头马的影响力之大。

3．夕阳街景：暮色中的白水羊头肉

旧时老北京的白水羊头肉的主要经营方式为走街串巷售卖。当年一到傍晚，就能听到大街上传来的阵阵"梆梆！梆梆！"的敲击声，声音格外响亮，人们一听就知道有人在售卖白水羊头肉了。售者大都有专用的叫卖工具，那时从事这个行当的多是老人，穿得十分整洁，身后背着个木箱子，用宽皮带勒在肩上。叫卖的时候，他们一只手持一根不足一尺的油黑锃亮的木梆子，另一只手持木棒不断敲击木梆子，沿途发出清脆的梆梆声。

有人闻声赶来购买，老人就卸下肩上的负重，把木箱的盖子打开，取出羊头肉，用一把又薄又宽银光闪闪的大片刀，斜着片羊肉，片出的羊肉片薄得透亮，令人观之即啧啧称奇。羊舌、羊耳、羊鼻等精肉价格略高，片出一盘撒上椒盐便可享用了。

白水羊头肉色泽素雅干净，味道脆嫩利口，不仅深受京城百姓的喜爱，一些文化名人和梨园名角也都对其推崇备至。梁实秋曾在《北

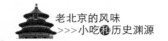
平的零食小贩》中写道："薄暮后有叫卖羊头肉者，刀板器皿刷洗得一
尘不染，切羊脸子是他的拿手，切得真薄，从一只牛角里洒出一些特
制的胡盐……"相传，抗战时期，身在重庆的梁实秋非常想念北京的
白水羊头肉，日日期盼能再次吃到白水羊头肉，一直痴痴地等了七年，
抗战胜利后，梁实秋回到了北京，冬夜里听到售卖白水羊头肉的叫卖
声，便迅速爬了起来，到大街上买了份白水羊头肉如愿以偿地大吃了
一顿。马连良、谭富英等人也很喜欢白水羊头，时常购买品尝。

　　每逢暮色来临，除了有人沿街叫卖白水羊头外，也有推着独轮车
售卖的，他们片羊肉的工具是一把大弯刀，片出的羊肉洁白如玉，细
嫩耐嚼，自带一股纯正的羊肉清香味。其中最有名气的当属羊头马的
第六代传人马玉昆，当年马玉昆经常推着小车，到京城的廊房二条卖
白水羊头肉。每次他一到场，即被团团围住，人群之中只见他手持大
刀，顷刻之间就片出雪白透明的羊肉片，且片片带皮，技艺堪称出神
入化，让人一看就拍案叫绝。其实羊头肉也不是什么绝世美味，但是
在羊头马传了七代还能在京城名声不减当年，主要是因为马家人恪守
本分、用心经营。

　　马家的白水羊头肉细工慢做，最大限度地保留了羊肉天然的鲜嫩和独
特的口感，选取得羊肉皆是两到三年阉割公羊，烹煮之前刷洗得干干净
净，耳髓、唇边儿、眼睑等部位在售卖前一律去掉，通常一只重达三斤的
羊头最后至多剩下九两鲜肉，据说羊头马一日只卖二十只羊头，天天如
此，年年如此，所做的白水羊头肉一直保持着最初的风味。这样做自然影
响盈利，但马玉昆全心全意为顾客着想，以诚为本，以义经营，做出的羊
头肉就是不同于别家，受到广大食客们的一致称赞。当白水羊头肉逐渐走
向没落时，羊头马的白水羊头肉却一直盛传不衰，还被评为中华名吃，至
今在老北京仍占据一席之地。

第三十一章

灌　　肠

◎过去的灌肠是粉红色的，炸好后变得焦黄，用小竹签扎着吃，辅以蒜和盐调成的佐料，小孩子吃上一小盘就饱了，成年人则是把它当作打牙祭的零食吃，灌肠片大约有4厘米，色泽饱满，让人一看就有食欲，放到嘴里细嚼的时候外皮又香又脆，内里却嫩嫩的、软软的，好吃极了。

◎第一次下厨炸灌肠的经历至今都难以忘记，那一片片切好的灌肠在锅里欢欣起舞，发出快乐的滋滋声，一阵阵香味直往鼻孔里钻，眼看着灌肠变了颜色，我馋得口水流了出来，忍不住马上起锅品尝，吃得心满意足、心花怒放。

1. 外焦里嫩的小零食

在北京诸多小吃之中，最为物美价廉又广受大众欢迎的小吃当属灌肠了。灌肠是老北京的土特产，在北京的人声鼎沸的集市、庙会上随处可见它的身影，特别是在京城热闹的夜市上，引得不少饮食男女聚在食品摊位上品尝，吃灌肠不是为了饱腹，而是为了解馋。灌肠风味独特，外焦里嫩，蘸上些许蒜汁，以细细的小竹签一片片慢慢扎着吃，别有一番情趣。

灌肠早在明代时就开始盛行了，明人刘若愚在《明宫史》中，就已经将灌肠纳入史籍了，说明这种色泽粉红、酥润爽口、咸辣焦香的风味小食品在明代饮食文化中占据重要席位。明朝万历年间的《酌中志》和清乾隆年间的《都门竹枝词》也都提到过灌肠，留下了"爆肚油肝香灌肠""灌肠红粉一时煎，辣蒜咸汁说美鲜"等令人垂涎的诗句，将灌肠的美味描绘得淋漓尽致。《故都食物百咏》是这样描写灌肠的："猪肠红粉一时煎，辣蒜咸盐说美鲜。已腐油腥同腊味，屠门大嚼亦堪怜。"可见最初的灌肠是用猪肠制成的，与现在人们所吃的大有不同。

旧时的灌肠是将食物原料灌入猪肠烹制而成的，分为大灌肠和小灌肠两类。大灌肠的制法是先以上好的面粉、红曲水、香料调成糊状，然后灌进洗净的猪肥肠内，蒸煮加热后均匀地切成小片块，以热猪油煎至焦香后出锅，淋上些许加盐的蒜汁，香味很浓，口感焦脆，又有咸辣的刺激，口味极富层次感。小灌肠的制法是往淀粉内添加红曲水，和上豆腐渣调成糊状入锅蒸煮，然后将其切成小片块用热猪油煎，浇上盐水蒜汁即可食用。灌肠外皮焦脆，内里香嫩，一般是以竹签扎着吃，饶有趣味。

京城第一家专营灌肠的店铺系始于清光绪年间的福兴居，这家店铺位于后门桥东路东，掌柜的姓普，以经营灌肠闻名，故人称"灌肠普"。福兴居是以碎肉、淀粉为馅料，放入精心调制的各种香料，灌入猪肥肠内，蒸煮得软硬适中，油煎后外焦里嫩，浇上调配好的盐水蒜汁，吃起来极有地方风味。据说慈禧当年前往地安门火神庙焚香求福时，曾到福兴居品尝灌肠，对其赞叹有加，遂命福兴居定期向清廷进贡此风味小吃，可见当年慈禧对它的喜爱程度。

1927年，福兴居对面开设了一家名为合义斋的灌肠店铺，对灌肠的烹饪技法加以改进，首先用面粉加红曲水调制面糊，然后添加丁香、豆蔻等十多味香料，将其灌入猪肠内，蒸煮后切成小片块，油煎至焦脆时盛出食用，辅以盐水蒜汁，成为一道十分开胃的佐酒小菜，当时无论是生意人、苦力还是学生都喜欢吃这种地道的灌肠，并一致认为这里的灌肠口味特别正宗。

清末民初时灌肠大多已不是以猪肠制成的了，而是以淀粉加入红曲水调成面糊，制成猪肠的形状，其余步骤大体未改，口感已大不如从前，但是制作成本大大降低了。现在庙会、集市上售卖的灌肠皆属此类，不过依然受到食客们的喜爱。

虽然现在的灌肠已经跟"肠"几乎脱离了关系，但是制作方法还是有很多讲究的。比如说切片时，需用特定的刀法旋成大小均等却每片薄厚不一的小片块，在油煎灌肠的过程中，薄处要煎得焦脆，厚处要煎得又嫩又软。做灌肠火候必须掌握好，煎老了，竹签扎不动，煎嫩了竹签扎不起来。

灌肠所浇的蒜汁做起来也需要相当的技巧，能不能让这味小吃散

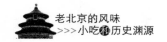
发出肉香味成败就在蒜汁上。蒜瓣加盐后必须以木制的蒜槌捣烂，不能用刀切碎或拍烂，而且必须用凉开水调汁，不能用热水，否则会有异味。

现在的灌肠虽然不比古时，但是仍是深受大众青睐的风味美食，每逢集市和庙会，卖灌肠的食品摊位比比皆是，过往的行人一手捧着装在纸盘里的灌肠，一手拿着竹签扎着吃，有滋有味地品尝着老北京的特殊风味。灌肠作为一种大众化、平民化的经济小吃，最能反映古都的市井风貌，而今我们仍然能感受些许旧时残存奇特的风味，今人吃灌肠的那种心情和意趣应该也大抵与古人相同吧。

2. 肉铺风云：张飞巧卖混搭肠

灌肠流行于明代，其历史渊源却可追溯到三国时期，它的诞生与刘备结义的三弟猛张飞有关。

在古典小说《三国演义》中，张飞大喝一声就能吓退曹操百万雄兵，其气吞山河的魄力和那副威猛骁勇，可谓令人瞠目结舌。历史上的张飞虽不见得像文学作品刻画得那么生猛，但也是员武艺超凡、异常英勇的武将，不过这位赫赫有名的虎将在结识刘备之前，是位以贩肉为生的买卖人，辛苦经营着一家肉铺。

张飞经营肉铺的故事虽不及长坂坡之战那么精彩，但是也着实有几分曲折离奇。相传，张飞刚开始经营肉铺就被好几家掌柜的视作威胁，这是因为张飞的店铺没开张之前，当地的几家肉铺生意还算红火，有不少顾客临门。张飞的肉铺开办以后，其余几个行家客源锐减，生意急转直下，越来越萧条。正所谓同行是冤家，几个肉铺的掌柜的都认为张飞抢了他们的生意，因此心生嫉恨，总想伺机报复，但是基于张飞长得虎背熊腰，无比彪悍，又是一副豹头环眼的模样，因此心里都有几分畏惧，明争不成他们想暗地伤人，常常聚在一起商量挤兑张飞的计策。

一天，张飞刚洗好猪肠，正欲放入锅里蒸煮，就有顾客登门购买猪肉，张飞放下手里的活计，立即热情地出门招呼，临走时忘了关厨房的门。其中一家肉铺的掌柜的见此情形，觉得暗害张飞的机会终于来了。于是偷偷走进厨房，四处查看了一番，但见锅里正煮着猪肠，案板上堆着一些切剁好的碎肉，盆中装着些许面粉，遂心生一计。他麻利地把碎肉倾倒到面粉里，添了点水用力搅了几下就胡乱地灌进猪肠里，然后把猪肠放入锅中，用其余的肉掩盖起来就溜之大吉了。他得意地想，张飞的猪肠被搞得一团糟，顾客发现后定会非常生气，下次就不会光顾他的肉铺了，张飞的肉铺名声被搞臭了，他就等着关张吧。

然而这个掌柜的可是打错了如意算盘，张飞虽然是个粗人，然而却粗中有细，他把肉卖给顾客后，就回到厨房生火炖肉了，开始并未发觉有什么异样。猪肠煮好后，他取出定睛一瞧，猪肠比平时鼓了许多，很是奇怪。他切了一段猪肠品尝，感觉味道好极了。浓郁的肉香味和着幽幽的面香味，还有猪肠特有的味道混合在一起，既好吃又筋道，他以前还从未品尝过这样的人间美味。张飞有些不解，猪肠何以会有肉香味和面香味呢？他环顾了一下四周，才发现案板上的碎肉和盆中的面粉都不翼而飞了。他恍然明白了，必是有人趁他离开时悄悄来到厨房，对猪肠做了些手脚，想要害他。

那人作恶不成，反而给了张飞以很大的启发。张飞想把碎肉和面粉灌进猪肠做出的美食香气沁人，也许会大受欢迎。于是他立即动手

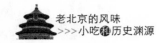
做了起来，除了肉末和面粉，他还往猪肠里灌进了其他食料，猪肠的口感就更丰富、更美味了。

次日，张飞试卖这种新式猪肠，顾客都倍感新奇，品尝之后都大加赞赏，忙向张飞讨教烹制方法。张飞也不打算保密，十分大方地把这种新鲜美食的烹制方式传授给了大家。其中一位食客感慨道："张师傅，您真是聪明过人，竟然能发明出这么奇特的烹饪方法。只是这么美味的猪肠应该有个名字才好啊。"

张飞思索了片刻，便有了答案："猪肠好吃，是因为往里面灌进去了馅料，叫'灌肠'倒是十分贴切。"

此后，灌肠这道风味小吃就在民间风行起来，张飞肉铺的生意越发兴隆了。而那些曾合谋排挤张飞的几个掌柜的，万万没有预料到他们的奸计不但没有得逞，反而帮助了张飞，灌肠的问世使得客源大部分流向了张飞的店铺，他们的肉铺的生意就更加冷清了，甚至一度陷入惨淡经营的境地。这说明采用不正当竞争的手段打击暗害同行的做法是不足取的，只有像张飞那样依靠自己的勤劳和智慧苦心经营生意，才能在收获财富的同时获得社会的认可和尊重。

严格来讲，发明灌肠的是个忌妒心很重的奸诈小人，而使灌肠风靡民间的是张飞，那名很有创造性想法的掌柜的姓谁名谁都早已被人们遗忘，而张飞制作灌肠的故事却流传千古，足见人们对卑劣之人的唾弃以及对光明磊落的张飞的敬爱之情。

Part6

郁郁京味百转回——流食篇

第三十二章
豆汁儿

◎豆汁儿得趁热喝，一股酸酸涩涩的味道在舌尖蓦然荡漾开去，真是妙不可言，再吃一口喷香酥脆的焦圈，就着点辣咸菜丝，感觉那叫一个滋润。嘴巴里是热腾腾的新鲜豆汁儿味和焦圈的香味，耳朵里是吸溜吸溜喝东西的声音和喀吧喀吧咬东西的声音，爽极了！

◎豆汁儿初入口时有股泔水味，味道十分特别，既不像酸奶那种酸味，

也不是那种发霉的馊味，酸中带着一种涩涩的感觉，有点蛰舌，初次喝可能不会喜欢，只要喝上两三次就会从骨子里爱上它，它就像老北京的味道，越品越有味。

1. 京汁京味说豆汁儿

　　老北京人爱喝豆汁儿，在早市上或是胡同里能经常听到"豆汁儿，麻豆腐！"的吆喝声，那种抑扬顿挫的亲切叫卖声和豆汁儿那股酸香的味道成为老北京人挥之不去的记忆。土生土长的老北京都知道，豆汁儿其实就是制作粉丝等豆制食品剩下的豆泔水罢了，本不是什么稀罕物，然而老北京人却独爱它的那股独特的味道，《燕都小食品杂咏》中说："糟粕居然可作粥，老浆风味论稀稠。无分男女齐来坐，适口酸盐各一瓯。""得味在酸咸之外，食者自知，可谓精妙绝伦。"可见变废为宝的豆汁儿，不仅口味特别，而且是道精妙无比的饮品。

　　豆汁儿是老北京人的本命食，俗话里的"北京三嘴"指的就是老北京人的"豆汁儿嘴""老米嘴"和"卤虾嘴"。其中"豆汁儿嘴"排在第一位，足见北京人对豆汁儿的喜爱程度。在民间流传着这样一种说法："没有喝过豆汁儿，不算到过北京。"著名导演胡金铨也说过："不能喝豆汁儿的人，算不得是真正的北平人。"以前流传的一则笑谈足以证明豆汁儿对北京人的重要性。相传有一天朝阳门外营房的旗人都聚在街头抱头痛哭，行人不解，问他们何以如此悲痛，痛哭者哭得更厉害了，悲泣道："豆汁儿房全都关了张，这岂不要了我们的性命？"老北京人尤其是旗人，特别喜欢豆汁儿，一天尝不到豆汁儿，就会感到度日如年，人生中缺少了豆汁儿味，就像生活里少了精气神，难怪笑话里的旗人要痛哭流涕了。

　　豆汁儿不同于豆浆，初入口时有一股别样的馊味，细细品来，那股味道犹如袅袅的烟雾，迷蒙缥缈，以至难以捕捉，片刻之后，此味

游移回转，馊味又回来了，好似走进了植被茂盛的亚马逊热带雨林，从森林里传来了奇花异草的腐味，微风徐来，飘然而至。再喝第二口的时候，那股醇厚的陈香犹如甘露佳酿，在唇齿间悠游不散，绵延不绝。

喝豆汁儿必须得配上焦圈，最好就着切得细细的水疙瘩丝，风味独到。豆汁儿的酸、馊、涩，有别于山西的醋酸，也不简单地等同于泔水味，它的味道就像它的个性，也反映出老北京人特有的性格。豪爽大气又带有几分含蓄腼腆，洒脱不羁又不失温和细腻。当你捧起一杯热气腾腾的豆汁儿时，第一口就能让你感受到它奔放的热情，它不似果汁那般酸甜，也不似鸡尾酒那般精致，但是却比不加糖的咖啡更令人回味，咖啡是苦味之中见香醇，豆汁儿是酸涩之中见真味。只需再喝上几口，口中的那股肆意的豆香弥漫悠荡，有如轻音乐般美妙。咬上一口炸得金黄又香又脆的焦圈，一股新鲜的焦香在舌尖雀跃，再喝上一口豆汁儿，循环往复，妙趣无穷，就着咸咸辣辣的水疙瘩丝，进一步刺激味蕾，口感更佳。喝豆汁儿的姿势也是有讲究的，梁实秋道出了其中的标准，"只能吸溜着喝，越喝越烫，最后直到满头大汗。"平时喝豆汁儿可以养胃清火，阴雨天和隆冬时节喝可以祛寒暖身。

豆汁儿好喝，原料却易得，制作起来也十分简单。在制作绿豆粉或者粉丝等豆制食品时，取适量绿豆加以浸泡，加水研磨成绿豆浆，然后装入缸中慢慢发酵，淀粉随之沉淀在缸底，漂浮在上层的细小颗粒就是生豆汁儿，把发酵好的豆汁儿放到大砂锅里加水熬煮，水开之后改用文火保温，随时都可取之食用。

如果不方便在家制作，还可以到街市上或庙会购买。豆汁儿是源起民间的吃食，自然深受平民喜欢。以前老北京既售卖生豆汁儿，也售卖熟豆汁儿，售卖生豆汁儿的商贩大多推着手推车，与麻豆腐一起卖，售卖熟豆汁儿的商贩多是挑着一副担子，一边放着豆汁儿锅，一边摆着焦圈和麻花。现在这种肩挑熟豆汁儿走街串巷贩卖的方式已经不多见了，商贩们大多开设了专营豆汁儿的商铺，京城的豆汁儿铺做出的豆汁儿还是比较地道的，不过在北京长长的胡同里或是熙熙攘攘的早市上还是可以见到售卖生豆汁儿的，那一声声"豆汁，新鲜！"的叫卖声，为北京这座既现代又古老的大都市增添了些许旧景。

冒着热气的豆汁儿，就像老北京的四合院，透着浓浓的京味儿，喝上一口，你就能看到北京那古朴厚重的色彩，就如金色阳光下的朱门灰瓦，依稀出现在你的梦境里，恍然即逝却让人无法忘怀；闻上一回，你就能嗅到北京那糅合着市井气息和人文风韵的气味，那种鼎盛的烟火味就像俗世中实实在在的生活，让人踏实、舒畅，那股不事张扬的平民风，就像新雨过后青山的颜色，清新隽永；品上一次，你就能从心灵深处唤起对老北京的深深眷恋，它不是离人的乡愁，却像乡愁一样绵长和刻骨铭心。

2．史海钩沉：从帝王到黎民的流行饮品

据说，豆汁儿历史非常悠久，早在辽宋时期就已经成为一种流行的饮品，直到清乾隆时期进入宫廷，成了皇室御膳。据史料记载，乾隆皇帝听说民间好喝豆汁儿，不觉好奇心起，想尝试一下，于是就颁布谕旨，招募民间匠人进御膳房制作豆汁儿，谕旨内容为："近日新兴豆汁一物，已派伊立布（当时内务府大臣）检察，是否清洁可饮，如无不洁之物，着蕴布（当时内务府大臣）募豆汁匠二三名，派在御膳房当差"。

这道谕帖说明豆汁儿是在乾隆时期才开始传入京城的，至于是何人发明的，现已无从查考。很可能是古人在制作绿豆粉时，正值盛夏，磨制的半成品豆汁儿剩了不少，不忍扔掉，第二天已经发酵，取些尝了几口，感觉口感独特，倒入锅中再次熬煮，饮用起来味道更好，遂将豆汁儿拿到市场售卖，结果大受欢迎，历经岁月流转，逐渐盛行起来，到了清朝，传入京都，成为民间新兴的一种风味饮品，被好吃的乾隆帝发现后，传入了御膳房。

遥想当年乾隆帝喝到了这种在当时还算新潮的饮品，甚为高兴，还召集群臣一起品尝，朝臣们喝罢啧啧称赞。就这样，源起民间的豆汁儿端上了皇家的餐桌，打破了阶层和地位的界限。相传慈禧小时候，家境不宽裕，因为买不起蔬菜，就以豆汁儿佐餐，主食为米饭，进宫以后还是对豆汁儿念念不忘，时常喝它。后来咸丰帝在避暑山庄崩殂，慈禧和慈安一起回宫，慈禧立即让御膳房做豆汁儿粥给她品尝。可见豆汁儿早已在清宫中占有一席之地了。

在清代，御膳房里的豆汁儿粥分为三种。第一种叫作勾面儿，具体做法是向煮好的豆汁儿里添加少许绿豆粉，加水制成糊状，这种豆汁儿与民间的豆汁儿味道完全不同，吃起来有股甜香味，较为可口。

第二种叫作下米，是用豆汁儿和米一起熬煮制成的，这种豆汁儿清甜微酸，可惜没有完好地保留米饭原本的香味，用剩米饭或者次米做成的豆汁儿，既有米香味又有绿豆的甜味，香甜适宜，别有滋味。下米层次越差，做出的豆汁儿越好吃，用清宫御膳房饭局的冯德诚老师傅的话说就是"用米熬制豆汁儿，小米不如白米、白米不如次杂米、次杂米又不如紫色老米，总之是米越次，味道越好，因为老米有糠味儿，糠味儿和酸味儿混合则变成酸甜而清香。"

第三种叫作清热，无须添加原料，只熬煮豆汁儿，这种豆汁儿与市面上卖的豆汁儿口感相同，是原汁原味的豆汁儿制法。

有人认为豆汁儿是北京老旗人喜好的吃食，有人认为豆汁儿属于民间食品文化的代表，其实喝豆汁儿不分民族和身份，与贫富无关。穷奢极欲的乾隆喜爱过它，出身贫寒的慈禧也喜爱过它，寻常百姓也离不开这股味道。旧时，如果一位衣着光鲜的贵公子坐在食品摊上津津有味地吃灌肠或羊霜肠，会由于有辱斯文而被取笑，但是如果他们在食品摊上喝豆汁儿就没人耻笑，卖豆汁儿的照例热情招待。

食品摊前面大多会摆放一个长方形的桌案，桌上摆着一碟辣咸菜、一碟萝卜干、一碟芝麻酱烧饼和马蹄（也是一种烧饼，因形状酷似马蹄而得名）、一碟"小焦圈"的油炸果，这些都是搭配豆汁儿的佐餐。桌案上的桌布雪白整洁，摊位上围着蓝布，以白布做某某记豆汁儿的标记。到了烈日炎炎的夏季，摊主会搭起布棚以供食客乘凉，一人或两人就可经营一个摊位，他们常礼貌地迎接客人："请吧，您哪！热豆汁儿，刚出锅的焦圈都备好了，现在还有座儿哪！"

豆汁儿在清代开始深入帝王生活，在市井街头也占据过重要地位，它是老北京饮食文化中最具代表性的符号，要想真正认识老北京，充分了解老北京人，也许应该从喝豆汁儿开始。豆汁儿自古泛着京味儿，具有强烈的地方色彩，属于纯粹的民族的东西，正所谓越是民族的就越是世界的，而今豆汁儿已经不仅仅是京城百姓专享的饮品，也不仅仅属于中国人民，它已经漂洋过海出口到多个国家，为诸多国家所认可，成为国际饮食文化沟通的一条纽带，为加强国家之间的文化交流做出了重要贡献。

3．馊酸有法，别具一格

豆汁儿出身于市井，有股独特的"酸馊"味，正像北京文人的性格，人们常称呼读书人为酸秀才。不过这酸馊味也可以成为一大特点，北京的文人有别于外乡的文人，他们数年苦读诗书，成了才高八斗的莘莘学子，多少有点卓尔不群的自豪感和优越感，所以有些超凡脱俗，说话文绉绉的，给人造成了距离感。不过也有不少北京文人也是平易近人的，避免给人带来居高临下的反感，他们虽然也有些文士的酸腐之气，但是骨子里却透出豆汁儿一样本色而温厚纯良的性格。

文人对豆汁儿上瘾是在情理之中的，老舍对豆汁儿的感情就极为深厚，他曾幽默地自喻为"喝豆汁儿的脑袋，"他可是个如假包换的豆汁儿迷。他的夫人胡絜青还曾经用老北京正宗的豆汁儿招待过国际友人。

著名女作家林海音（《城南旧事》的作者）回到北京后，第一件事就是寻觅老北京的豆汁儿，品尝其他京味小吃时，她还能保持优雅的风度，待见到多年未尝的豆汁儿时，眼睛立即亮了，一口气喝了六碗还想喝，被人连忙劝住"明天再喝吧您哪。"她却回味地说："这才算回到北京了！"

著名京剧表演艺术家梅兰芳举家上下都喜欢喝豆汁儿，每日下午都会买来豆汁儿当下午茶喝。很多人误以为豆汁儿是在早晨喝的，其实老北京人从未把豆汁儿当成早点，因为早上喝酸豆汁儿对肠胃不利。他们早点喝的是豆浆，下午喝的才是豆汁儿。因为豆汁儿有去油腻的功效，所以非常适合当下午茶来喝。喝豆汁儿就得趁热喝，热气腾腾地喝上一大碗，五脏六腑和全身的每一处毛孔都无比舒畅，再嚼上个脆脆的焦圈，配上腌水疙瘩丝，边吃边喝，酸、辣、香、烫各种味觉、触觉混合在一起，形成一段酣畅淋漓的交响乐。难怪梅兰芳一家那么喜欢它，据说在抗日战争期间，这位京戏大师隐居上海，为了拒绝给日本人演戏，蓄须明志，深居简出，其弟子言慧珠从北京赶赴上海演出，为了一解老师思念北京的情怀，特地用玻璃罐装了四斤豆汁儿给梅兰芳送去，在当时被传为一段尊敬师长的佳话。

萧乾辗转飘零时，时常想念老北京的豆汁儿，他曾在回忆录里写下："回想我漂流在外的那些年月，北京最使我怀念的是什么？想喝豆汁儿，吃扒糕；还有驴打滚儿，从大鼓肚铜壶里倒出的面茶和烟熏火燎的炸灌肠。"这位饱经忧患的大作家把豆汁儿放在了首位，足见豆汁儿在他心目中不可撼动的地位。

足迹踏遍全球 50 多个国家的流浪女作家三毛，来到京城后，为了喝上地道的豆汁儿，特地在百忙之中抽出时间到"南来顺"入座品尝。这位写下《橄榄树》的词作者，大半生浪迹天涯，以异乡人的身份，感受不同地域的风俗和文化，想必当年她定是想品一下京味儿的独特元素，才会对豆汁儿那么向往。

与豆汁儿结缘最深的人莫过于西部歌王王洛宾，他创作的经典名曲《在那遥远的地方》至今广为传唱，深居新疆那么多年，离世前夕，他最后的愿望就是喝几口豆汁儿，待到再次尝到那股无比亲切的味道，才了无遗憾地驾鹤西去。

文人的豆汁儿情怀已然渗入肌骨，以至于有了豆汁儿那般的个性，豆汁儿之于文人就好比浓墨之于宣纸，点点滴滴浸入其中，色彩单一、纯净，但却丝丝入缝，浑然犹如一体，又好比细雨之于江南，朦胧水色的氤氲如诗如画，那种由内而外透出的灵秀和韵致是任何语

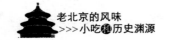
言都难以描摹的。老舍的平实、林海音的爽快、梅兰芳的倔强、萧乾的豁达、三毛的纯真、王洛宾的怀旧，皆在风味独特的老北京豆汁儿面前展露出来，正应了随缘的说法，豆汁儿的有缘人一遇上它就如痴如醉地爱上了它，就像在茫茫人海中觅到了一位难得的知己，大有想将其"当同怀视之"的感念。

品一碗豆汁儿，不再停留在舌尖上的享受，而是更在乎它悠远的余味，就像书香墨宝，需细细品鉴，才可解其中真味。从文化层面上来说，豆汁儿纵横平民文化、宫廷文化和士大夫文化，它不专属任何一个阶层和任何一个领域的文化，它谦卑但不卑微，斯文也粗犷，大拙大雅皆是它，独一无二，无可替代。

第三十三章
豆腐脑儿

◎刚出锅的豆腐脑儿白嫩白嫩、颤巍巍、香喷喷的，袅袅的热气撩人心魄，浇上点辣椒红油、葱花、榨菜，霎时间，这完美无瑕的白玉上，便溢开了五彩的颜色，急不可待地吃上一口，又香又烫，一碗下肚一气呵成，心中层云激荡，那种感觉真是难以描述。

◎辣椒油画龙点睛的一抹红是豆腐脑儿的精魂，红白相映美则美矣，食之则更添热辣和醇香，豆腐脑儿的素淡和辣椒油的火辣交融冲撞，瞬间点燃舌尖的味蕾，使美味更上一层楼。

1．香滑嫩爽的豆制品

豆腐脑儿色白软嫩，清香扑鼻，状如动物脑髓，故而得名。豆腐

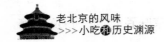
脑儿在中国可谓是一道家喻户晓的经典早点，全国各地都出产豆腐脑儿，老北京人喜食豆腐脑儿，清晨，经常到小餐馆里买碗豆腐脑儿，搭配着油条或者油饼一起吃。

豆腐脑儿在京城属于传统风味小吃，是以黄豆磨浆，煮沸后用石膏点为"脑儿"，为保持原味，多以质量轻、导热快的砂锅为盛器，早先都是以专用的铜质平铲取一部分放入浅浅的小碗内，淋上卤汁蒜汁，味道鲜浓，口感水嫩细腻。老北京的豆腐脑儿卤味纯正，鲜嫩柔软，翻而不散，搅而不碎，洁净似雪，入口即化，堪称一绝。旧时要数前门外门框胡同的"豆腐脑儿白"和鼓楼后的"豆腐脑儿马"最驰名，享有"南白北马"的美誉。白家的豆腐脑儿洁白如美玉，柔嫩似凝脂，散发着豆奶的清香，浇上鲜羊肉片、口蘑、淀粉和酱油制成的卤汁，裹上一层橙红鲜亮的颜色，舀起一块含在嘴里，满口噙香，无比爽滑和新鲜。

豆腐脑儿是豆腐的半成品，据清代名医王孟英的《随息居饮食谱》所载："豆腐，以青、黄大豆，清泉细磨，生榨取浆，入锅点成后，软而活者胜。点成不压则尤软，为腐花，亦曰腐脑。"说明豆腐脑儿和老豆腐有几分相似，《故都食物百咏》中说："豆腐新鲜卤汁肥，一瓯隽味趁朝晖。分明细嫩真同脑，食罢居然鼓腹旧。"还注解说豆腐脑儿的妙处在于细嫩如同脑髓，才算得上名实相副、名不虚传。其口味应属咸淡相宜，口感嫩滑，味道香浓，并透着蒜香味。《故都食物百咏》中还详细解释了老豆腐和豆腐脑儿形态和口感上的区别，说老豆腐："云肤花貌认参差，未是抛书睡起时，果似佳人称半老，犹堪搔首弄风姿。"并注释说："老豆腐较豆腐脑稍软，外形则相同。豆腐脑如妙龄少女，老豆腐则似半老佳人。豆腐脑多正在晨间出售，老豆腐则正在午后。豆腐脑浇卤，老豆腐则佐酱油等素食之。"

要做出妙龄佳人般细嫩的豆腐脑，需要掌握不少技巧。比如熬浆时必须使用微火，且务必保证没有溢锅，只有做到这点才能让出锅的豆腐脑儿不煳，且无苦涩之味。制作卤汁时则要用急火，开锅便可。做卤的原料需选用新鲜的羊肉片和上佳的口蘑汤，火候的大小一定要把握好，切忌不可使用炖肉的烹制方法来熬制卤汁，卤汁的新鲜感很重要，在熬煮时要多加注意。

盛豆腐脑儿也是有讲究的，盛在碗里的豆腐脑儿形状要像一个凸起的小馒头，而后从"馒头"向四周浇卤，加入辣椒油和蒜泥即可食用。豆腐脑儿有甜、咸两种吃法。南方多为甜味的吃法，作料为糖浆和各种糖类，北方则是咸味的吃法，老北京的豆腐脑儿自然也是咸味。咸味的作料有肉馅、芹菜、榨菜、黄花菜、木耳等，老北京豆腐脑儿作料多是肉类、香菇和各种酱。不同的吃法反映了各自的地域特色，老北京的豆腐脑儿是京味儿的代表，符合京城百姓和大多数北方居民的口味。

小小的一碗豆腐脑儿，透着股精致劲儿，既赏心悦目，又富含优质蛋白，还含有人体所需的铁、钙、磷、镁等多种微量元素，被誉为营养丰富的"植物肉"。常吃豆腐脑儿可以补充机体钙质，但需要注意的是不可与含草酸的食物如菠菜、竹笋、苋菜同食，因为钙和草酸会发生化学反应会形成难以溶解的草酸钙，阻碍钙的吸收。如果把这些含草酸的食物先在开水中焯一下，就可以降低其影响。

2. 因错而成，脱胎汉代豆腐

豆腐脑儿起源非常早，相传脱胎于汉代刘邦之孙淮南王刘安误打

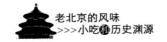
误撞发明的豆腐，这款美食传入民间，经过改进后豆腐脑儿就问世了。又有一说是豆腐脑儿是唐代修筑乾陵的工匠偶然发明的。

相传汉高祖刘邦之孙刘安野心勃勃，不甘于做一名没有实权的王，梦想着有朝一日能手握重权，施展自己的雄才大略。刘安还崇尚道教，痴迷长生不老之术，追求永恒的青春和无限的生命，为此不惜一掷千金，广招天下炼丹能人，欲求炼得仙丹修成正身。其中尤以苏非、李尚、左吴、田由、晋昌、雷被、毛被、伍被这八人最为知名，人称"八公"，刘安经常召集八公在山上炼制灵丹妙药，当时炼丹炉里炉火熊熊，丹药的原料为黄豆和盐卤。

一次刘安等人在炼丹过程中，偶然将石膏点进了丹药的母液豆浆里，石膏立时消失得无影无踪，经过化学反应之后，液态的豆浆变成了白如雪花、细腻柔软如花瓣的豆腐。"八公"之中的田由大胆尝试着吃了几口，觉得甚是美味可口，可是豆腐太少了，分量不够大家享用，于是众人依法又把石膏点进豆浆里，又做出了许多雪白鲜嫩的豆腐，刘安品尝后连声大呼："离奇，离奇。"惊讶不已。

就这样刘安炼丹不成，却造出了又白又嫩的豆腐，成为了豆腐的发明人。刘安创制了豆腐后，并没有止步不前，作为一名对自己要求较高的饱学之士，他必然要对自己的发明进一步完善，他时常和李尚一起研究制作更美味的豆腐的方法，还建立了豆腐作坊，培养专门制作豆腐的技工，不断地改进制作工艺，提高豆腐的质量，还把制作豆腐的生产技术无条件地传授给了当地的农民，并向其他地区传播豆腐制法。后来民间在豆腐的基础上研制出了豆腐脑儿，豆腐脑儿遂成为了一种广受欢迎的常见食品。

由于自唐代始，乾县的豆腐脑儿就久有盛名，因此民间流传着乾县工匠发明豆腐脑儿的故事。传说，修筑乾陵时，工匠们的日常饮品便是一碗热豆浆。他们把黄豆研磨成豆浆，用滚水冲饮食用。这种饮料制作简便，原料又很廉价，备受工匠们欢迎。

一日，有位工匠从工地上回家，由于过度疲惫，就没有清洗手上沾的石膏，他劳累了一天，感到饿极了，见到锅里的热豆浆，就不管不顾地舀上一碗咕咚咕咚地喝起来，不慎把手上的石膏掉进了锅中的豆浆里，豆浆液突然凝固了，变成了洁白如玉的固体，大家面面相觑都不敢贸然品尝。这时有位大胆的厨子自告奋勇地拿起勺子尝了几口，感觉香嫩无比，遂又添加了醋、辣椒油、蒜等作料食用，味道更好了，工匠们见厨子吃得那么津津有味，都竞相抢食，厨子给每个人都盛了一点豆腐脑儿，乾县的豆腐脑儿就是这样问世的。

乾县的豆腐脑儿由于水质好，做成后洁净赛雪，光洁莹亮，异常嫩滑，温润爽口，香味诱人，被誉为"乾县三宝"之一。但这并不意味着豆腐脑儿始于乾县。从制作方法来看，豆腐和豆腐脑儿的做法十分相似，豆腐脑儿极有可能是从豆腐演化而来的。而有关刘安发明豆腐的典籍有 45 种之多。

从众多的史料典籍来看，刘安发明豆腐确有其事，绝不是穿凿附会，而修筑乾陵的工匠偶然发明豆腐脑儿的传说是流传于民间的一则故事，并无史料加以证明。之所以有那样一个版本的传闻可能是因为乾县的豆腐脑儿闻名天下，故有人认为乾县才是豆腐脑儿的原产地，其实乾县的豆腐脑儿只是青出于蓝而胜于蓝，不见得是豆腐脑儿的最初诞生地。

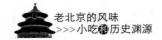
3．忆起儿时豆花香

"卖豆腐脑儿咧，豆腐脑儿热喽！"随着一声拖着长音的吆喝，老北京的清晨就在这样的叫卖中拉开了帷幕。过去老北京卖豆腐脑儿的，大都挑着担子走街串巷，货担后面有一只坛子或者木桶，里面装的是热气腾腾的细腻白嫩的豆腐脑儿，坛子或木桶的外侧裹着棉套，保温效果良好。

货担前面是一个大铜钵，里面装有黄花、木耳、口蘑、肉片做成的鲜美卤汁，售卖时商贩会用一把铜勺将豆腐脑儿极快地打满一碗，然后浇上卤汁、辣椒油和蒜汁，一碗豆腐脑儿红红白白的，油光闪亮，让人一看就产生了食欲。只消一会儿工夫，旁边就围满了买热豆腐脑儿的人，有的当场就吸溜吸溜地喝了起来，即使卖到最后一碗，豆腐脑儿还是热的。有时候深居胡同里的老北京人不爱外出，因此卖豆腐脑儿的只好挑着货担在胡同里叫卖了。

在旧时，一碗豆腐脑儿就是孩子眼中最美好的吃食。在《走进陶行知》一书中有一篇《一碗豆腐花》的文章，写的就是一个叫周斌的小学生，听到卖豆腐脑儿的叫卖声，禁不住诱惑，竟偷偷溜出学校购买，由于付不起钱而被富孩子嘲笑，校长陶行知看见了，便花钱给他买了一碗。虽是一则小故事，却十分温暖感人，大教育家陶行知助人为乐的精神固然让人感动，可是豆腐脑儿对于那个孩子的诱惑也是十分真实的，在当时的年代，一个小孩子能喝上一碗香喷喷的豆腐脑儿确实算是莫大的幸福了。

在老北京人童年的记忆中，豆腐脑儿始终是滚烫着的，散发着袅裹的香气，辣椒油是辣辣的，尤其是在寒气袭人的冬季，贪婪地喝上一大碗，顿时大汗淋漓，那种感觉真是痛快至极。吃过之后，香味并不会马上消失，而会在唇齿间停留很久，令人久久难以忘怀。

回忆中的豆腐脑儿静静地卧在大瓷碗里，颤巍巍的，像一尾雪白的鱼儿，那么光亮，那么滑嫩，倏忽一瞬间就滑入了喉咙，一股豆香味儿便从口中幽幽地升入鼻腔，进而丝丝缕缕地飘向了心际。

豆腐脑儿的色泽和味道本该是淡雅的，但是淋上红灿灿的辣椒油和辣辣的蒜汁，感觉真像皑皑的雪野上燃起了一团大火，吃起来也颇有几分冰火两重天的感觉，清淡的豆腐味和浓烈的辣味缔造的是一种奇妙的反差和和谐，有种轰轰烈烈、排山倒海的错觉，令人既觉得有几分刺激，又觉得仿佛被一种美好的食物温纯地抚慰着，除了过瘾外，心里又涌起温暖的幸福感。

长大后总是怀念儿时吃过的豆腐脑儿，怀念那一碗朝霞里的市井风情。每每见到挑着担子售卖豆腐脑儿的商贩，无限思绪涌上心头。一碗豆腐脑儿，曾经装满了多少成长的岁月。天真烂漫的童年远去了，青葱岁月也流逝了，时光里的惆怅与甜美，随着豆腐脑儿的货担渐行渐远，令人生出无限的眷恋和思念，就像在风雪交加的夜晚想念火炉的温暖。

当逐渐习惯一个人行色匆匆地在大都市奔忙，喝上一碗豆腐脑儿，似乎霎时找回了美好的旧时光，那种突如其来的感动不亚于在沙漠中见到了海市蜃楼，一种鲜明但又不真实的错觉仿佛凿通了时间的隧道，将自己带离了城市的水泥森林，带到了胡同里的卖豆腐脑儿的货担旁，那个孩子正满足地喝着一大碗热腾腾的豆腐脑儿，开心地笑呢，可是孩提时的自己吗？

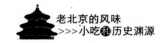
第三十四章
茶　汤

◎茶汤醇香扑鼻，吃起来黏而不腻，还带有浓郁的谷香，让人品之即回味不已。细啜一番，那股陈香古韵悠然而来，柔滑细腻，清淡素雅，美若醴酪。

◎手捧一碗清亮杏黄的茶汤，热气荡漾而出，舌尖即刻触到那香浓的气息，那不是儿时迷蒙的回忆，而是最为真实的现在。此刻尽情地享受一碗茶汤，心情是无比欢愉的，那滋味还是旧时的感觉，甘美细滑，令人回味不尽。

1. 谷香宜人的热饮

茶汤又叫龙茶，因用龙头嘴的壶冲食而得名，原料为糜子面，冲开后颜色杏黄，味道香醇甘美，质地细腻，是老北京的茶食小吃。茶汤耐品，其冲茶汤的表演堪称一门独家艺术。卖茶汤的都有一把引人注目的大铜壶，这壶足有一米高，擦得锃亮，壶身上翔龙盘绕，龙头恰在壶嘴处，龙头上还有个漂亮的红绣球做装饰，滚水就从龙嘴喷涌而出，好似盘龙吐水，真是巧夺天工、妙趣横生。铜壶内部是中空的，外围裹着夹套，夹套里装满了清水，合计的重量少则 80 斤，多则上百斤。

沏茶汤非常考验人的技艺和臂力，没有几年功夫是练就不成一身技巧的。卖茶汤的需要先用温水把茶汤粉冲匀，然后一手执碗，一手揽壶，两脚撇开呈半蹲式，稳若泰山。左侧的碗临近壶嘴，待沸水从龙嘴喷出，碗要随之调整距离，水出碗到，动作伸缩自如，开水点滴不漏地注入碗内，准确无误，且都是一气呵成，绝不能断断续续地凑足一碗，因为那样茶汤不能冲熟，也不能有丝毫的外溢，水滴溅开可能会烫到人，这简直就是难度极大的行为艺术，这活计绝非一般人可以胜任。

茶汤口感香甜，难得的是还散发着一股谷物的天然之香，令人倍感亲切。茶汤冲沏表演难度极大，但制作起来却极为简单。把糜子面洗干净后，浸泡在凉水里两小时，把水沥净，将糜子面研磨成细细的粉末，过细箩即成茶汤粉。在茶汤壶内装满水煮开，将十分之一的茶汤粉放在碗里用温水冲开搅拌成面糊，然后用沸水冲熟，加入各种糖类即可。

旧时茶汤有三种售卖方式。一是挑着担子沿街叫卖，货担上挑着双层的紫铜茶汤壶，外层装水，内层烧火煮水，茶壶底部存有木炭和火筷子。货担后面是个木桶，挂着取水的器具，木桶上有屋顶状的长木，里面储存茶汤粉、红糖和碗、汤匙等。有人购买茶汤时，便把茶汤粉放在小瓷碗里加水调好，再把铜壶抬得高高的，将滚水不偏不倚

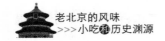
地注入小碗内，有的商贩为了吸引顾客，练就了一手绝活，将沏茶汤的动作表演得出神入化，茶汤冲熟后用小铜勺搅拌好即刻递给顾客。

二是设摊售卖，大都把茶汤摊设在客流量较大的庙会上。摊案有一丈多长，是用桐油涂过的，闪着油光，摊案摆放着长凳，案上有两个明亮的玻璃盒，玻璃盒有很多个格子，形成了不同的分区，里面装着茶汤粉、糖和其他佐料。盒子后面陈列着几十个五颜六色的小碗，罐子里放着数把小铜勺。案后有一只硕大的紫铜大茶汤壶，里面沸水翻滚，壶顶、壶身和壶嘴饰有精美的黄铜图案。茶汤摊给人的感觉是摊案一尘不染、瓷碗干净整洁、茶汤壶锃光瓦亮，颇能引发人想要立即品尝的欲望。

三是开设专营茶汤的店铺，门口支起大茶汤壶作为标志，店铺里设下一定量的座位。把茶汤粉放入碗内后，把之前稀释好的芝麻酱用细细的筷子一点点往茶汤面糊上淋，然后放入一些调味料，即可食用。

老北京最为正宗的茶汤出自"聚元斋"和"茶汤李"。茶汤李在保留传统工艺的基础上，引进现代科学理念，研发出了鲜菱角茶、珍珠奶茶、奶昔、圣代等多种茶汤的品类，做出的茶汤口感细腻，香气逼人，且具有保健功能，其中鲜菱角茶可消毒利尿，还能充当解酒的饮品。而今茶汤李不仅誉满京城，还成为了全国知名品牌，在国内各地设了多家分店，在为广大消费者提供了原汁原味的茶汤的同时，也将这款传统小吃的制作工艺和饮食文化也传承了下去。

2. 汤里乾坤大，壶中岁月长

相传茶汤起源于明代，在明朝宫廷的御膳内，茶汤已经赫然在列，当时流传着一首脍炙人口的民谣："翰林院文章，太医院药方。光禄寺茶汤，武库司刀枪。"将文武与药方食品相提并论，而食品当中的代表即是茶汤，可见其盛行程度。茶汤原本与茶无关，只因需如沏茶一般以沸水冲开，故而得名为茶汤。

茶汤素有"八宝"的美誉，主要因为辅料包括山楂条、青红丝、葡萄干、核桃仁、瓜子仁等果料，食用时绵软香醇，有果类的清甜气息。明清时期风靡北京城，在明朝时被列为宫廷茶点，民间也开始效仿喝茶汤，把炒好的糜子面加入红糖，以沸水冲食。清代《都门竹枝词》中的一句"清晨一碗甜浆粥，才吃茶汤又面茶"活脱脱勾勒出了旧时老北京人的早点饮食图景，反映出了京城小吃的多样性，说明茶汤已成为十分大众化的小吃之一。

《故都食物百咏》中有一首歌咏茶汤的诗："大铜壶里炽煤柴，白水清汤滚滚开。一碗冲来能果腹，香甜最好饱婴孩。"注解中进一步诠释道："茶汤有摆摊者，有挑担者，其唯一之标识，则大铜壶是也。此物尚甜，咸食者殊不见，小儿多喜食之。"寥寥数语将茶汤的美味、冲食方法、经营方式说得清清楚楚。

茶汤如此好喝，是因为采用上好的糜子面制成的。糜子是我国最为古老的谷类之一，也叫穄、穄子、赤黍，《吕氏春秋·本味》说："饭之美者……阳山之穄，南海之糜。"秦人李斯在《仓颉篇》中解释说："穄，大黍也，似黍面不粘，关西谓之糜。"

糜子外表看起来很像小米，为淡黄色，研磨成细粉后可制成可口的糕点。其味美，还有止泻、利烦渴、除热、治咳、逆上气的功效。因此，常喝糜子面做成的茶汤对身体是大有好处的。可惜因为糜子产量不高，种植范围又十分有限，所以供应量非常少，故市面上不少茶汤都不是以糜子面为原料的，味道自然也不会太正宗。

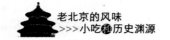
经典影视剧《四世同堂》中有卖北京小吃的商贩冲茶汤的场景。那只盘有游龙的重达 40 公斤的大铜壶极为吸引人的眼球。龙头壶嘴不停地冒着热气，颇有腾云驾雾的王者之姿。古雅闪光的茶汤壶和氤氲的热蒸汽，带给人一种恍惚的不真实感。精致的小瓷碗里装好了调配好的茶汤粉，用霸气十足的铜壶里的滚水一冲，即成一碗黏稠香浓的茶汤，看上去与藕粉有几分类似，一股幽香伴着袅袅的热气缓缓升起。

沏茶汤之美就在于热水注入瓷碗的一刹那，悠然之间，优美的水线以完美的弧度直达碗内，茶汤就在瓷碗内一边翩然起舞，一边低吟浅唱。在寒风凛冽的冬天，喝上一碗热乎乎、甜丝丝的茶汤，让热气长驱直入地抵达身体内部，那感觉远胜于畅饮醍醐仙浆，真是千言万语都难以描述清楚。

茶汤文化是老北京饮食文化的一部分，它虽不及茶文化那样博大精深，然而却有其独到之处，如今在高楼林立的都市中，如果还能觅到古色古香的大茶汤铜壶，那份喜悦真是难以言表，喝上一碗甜甜的香稠的茶汤，旧时的市井风情便随着这股幽幽的清香在脑海中徐徐展开，令人感到无比亲切和欢欣，或许这也是怀旧的一种方式吧。

第三十五章

奶　酪

◎北京奶酪较其他地区的奶酪口感更为细滑，奶香更为浓郁，米酒的醇香与牛奶的甜腻交汇碰撞、相互缭绕，味道更是甘沁而醇厚，令人精神为之一爽。卧在白瓷碗里的奶酪洁白如玉、光亮剔透，

显得素雅质朴，再以瓜子仁、葡萄干和金糕屑略微装饰一番，既好看又增添了咀嚼的层次感。

◎南锣鼓巷的奶酪店两旁皆是古老的砖墙，处处弥散着古雅的气息。它不够富丽堂皇，却足够秀丽和古典，走进古朴的店铺，吃着刚从冰柜里拿出的奶酪，只是数秒，那浓浓的奶香已完全征服了舌尖的味蕾细胞，那冰冰的、滑嫩的感觉凛冽又温柔，这无与伦比的快感真是让人飘飘欲仙啊。

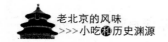

1. 透心沁齿的乳制品

"闲向街头啖一瓯，琼浆满饮润枯喉。觉来下咽如滑脂，寒沁心脾爽似秋。"是清人《都门杂咏》中的竹枝词，这首诗将奶酪那琼霜冰玉般的特质描写得淋漓尽致，作为老北京传统小吃的奶酪，是由内蒙古人带入京城的，曾一度成为元、明、清三代封建王朝的皇家宫廷小吃，后来才从御膳房流入民间。

奶酪又叫醍醐、乳酪、羊酪、牛酥酪等，是以牛羊乳汁做成的半凝固状的风味小甜食。入口清凉爽润，乳香味浓郁，有几分酸奶的味道，却比酸奶要醇香多倍。以前老北京人常在食用奶酪时，饮用酸梅汤或茶水，如此可以祛除奶酪的油腻。

奶酪营养丰富，富含蛋白质、钙、脂肪、磷和维生素等营养成分，属于浓缩的牛奶，更是纯天然的无污染食品。当你仔细观察鲜奶酪的时候，会看到一粒粒细小的颗粒，比脱脂凝酪做成的松软干酪要光滑得多，纯净的白色、濡湿的口感，甜丝丝的，让人吃几次就欲罢不能。

宫廷奶酪是以鲜奶和米酒作为原料，调配均匀后倒入松木桶中精心烤制而成的。储存时需使用窖冰冷藏，其制作工艺属于皇家独有，在漫长的历史时期都是不外传的，所以那时的朝中大臣、商贾巨富也难得一见，能享用奶酪是高贵身份的象征。

奶酪传入民间后，备受京城百姓的追捧，其中名气最大的当属"奶酪魏"了。奶酪魏家的木桶直径长达80厘米，高度约为60厘米，桶底镶着铁板，结实得很，木桶内分6层，每层能装10碗奶酪，一只大木桶就能制出60碗奶酪，其制作的奶酪有个别名叫"合碗酪"，意思是把装奶酪的碗翻转过来，奶酪依旧老老实实地贴在碗里，不会倾洒，这可真是奇事。

当时，老北京尚未出现冷饮店铺，冰淇淋也没有问世。奶酪在京城独占鳌头，每逢酷夏，许多老百姓都会到奶酪铺购买奶酪。奶酪能从皇室餐桌走向街头，实在是非常亲民的，它以低调悄然的姿态渗入老北京人的美好生活当中，成为许多老北京人最为温馨的回忆。

奶酪那浓得化不开的奶香以及那份莹润如脂的质感曾经牵动着多少老北京人的记忆，而今，北京城冷饮行业的各色产品层出不穷，各类口味的冰淇淋在大街小巷随处可见，老北京的奶酪铺子也只剩了十多家，仿佛是传统冷饮文化的一点遗存。也许食客们再到奶酪铺子喝奶酪，就不会单纯把它当作一种食物，而是将其视为一种对逝去旧时光的追忆和对传统文化的怀念吧。

2．文化密码：沉淀在奶酪里的时光

中国古代称奶酪为醍醐，而成语"醍醐灌顶"中的"醍醐"指的便是奶酪。醍醐灌顶原意为把奶酪上凝聚的纯酥油淋到头上，比喻听了智者的意见，而突然彻悟，也用来形容清凉舒适的感觉。从奶酪浇头就能得到智慧和顿悟的寓意来看，古人对奶酪是十分推崇的。据古籍《雷公炮炙论》记载："醍醐，是酪之浆，凡用以重绵滤过，于铜器煮三、两沸。"北魏的《齐民要术》中也记录了古代北方人牧养牛、羊

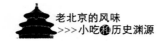

等牲畜，以其奶汁做酪的方法。

奶酪在唐代已经极为盛行，《旧唐书》中提到唐玄宗朝"贵人御馔，尽供胡食"，《唐摭言》说唐宣宗曾经赐给翰林院孙宏乳酪膏脂制成的食物。乳酪膏脂做成的胡食极有可能就包括奶酪在内。奶酪在古代受欢迎，除了味道浓美外，还因为它不易变质，易于保存，食之耐饥渴，是行军途中上好的军粮。成吉思汗征战时，蒙古骑兵携带的食物皆是奶酪和肉松。蒙古人骁勇善战，没有辎重之忧，很大程度上是基于奶酪这一方便携带又适于补充体力的军粮。

奶酪在古代属于稀罕物，《红楼梦》第十九回中写到贾元春赐食"糖蒸酥酪"给贾宝玉，贾宝玉舍不得一人独享，让人留给袭人吃，不料奶酪竟被他的乳母李嬷嬷吃了，贾宝玉知道后气急败坏地发了一通脾气。经考证，糖蒸酥酪属于宫廷奶酪的一种，由此可见，奶酪在锦衣玉食的贵族子弟眼中也是稀有的好东西。

梁实秋写过一些有关奶酪的文章，在其作品里有过这样的文字记述："我个人就很怕喝奶……可是做成酪我就喜欢喝。酪有酪铺……最有名的一家是在前门外框儿胡同北头路西，我记不得他的字号了。他家的酪，牛奶醇而新鲜，所以味道与众不同，大碗带果的尤佳，酪里面有瓜子仁儿，于喝咽之外有点东西咀嚼，别有风味。每途经此地必定喝他两碗。""久居北平的人，不免犯馋，想北平吃食，酪是其中之一。"

除了梁实秋外，溥杰、鲁迅、老舍、胡洁青等文化名人也常到奶酪铺吃奶酪，也有不少戏剧界的名角是奶酪铺的常客。小吃虽不像大餐那样让人觉得丰盛饱满，但却比大餐更能牵引人的味蕾，一碗奶酪蕴藏的滋味，不单纯是酸甜可口和细滑凉爽，它也是古城历史文化和风土人情的沉淀，帝王贵族、文人雅士、平民百姓都喜欢吃奶酪，老北京的奶酪作为一种传统风味的小吃，是社会各界饮食偏好的一种反映，绝大多数人都喜食的奶酪自有其特色和魅力，一碗小小的奶酪里面必是包藏着一个大世界，如此一来它才能使古人和今人对它的喜爱形成一种共鸣。

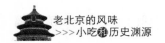
第三十六章
炒红果

舌尖记忆

◎喜欢炒红果嫣红的色泽，也喜欢那琥珀般莹润剔透的汤汁，红果的酸在冰糖的浸润下变得柔和，而冰糖的甜又恰好被酸味中和，酸甜之间有了微妙的平衡，口感非常好，它虽出身市井，却不逊于珍馐美味，是那种会让人思念的名小吃。

◎在阳光沐浴的午后，端着一碗炒红果，边吃边欣赏窗外的都市风景，觉得惬意极了。酸甜可口的红果红得像火，在金色的阳光的照射下，颜色更为艳丽了，吃到嘴里是冰凉的，视觉和味觉的反差为它蒙上了一种诗情画意。

1．粘住味蕾的酸甜记忆

骄阳似火的盛夏，如果能吃上一碗冰冰的、酸酸甜甜的炒红果该是多么惬意的事啊！遗憾的是红果大都是在深秋时节大批量上市。遥想多年以前的老北京，暮色刚刚降临，便有小贩挑着担子沿街叫卖，边走街串巷边高声吆喝："炒———红果儿！"砂锅里盛满了红彤彤的炒红果，盛上一碗放进粗瓷碗里，玛瑙石般的红果浸在晶莹剔透、凉凉的、甜甜的汤汁里，只吃几口就感到冰爽极了，酸酸的红果儿，琼浆玉露般的甜汤，真是让人胃口大开。

除了小商贩售卖炒红果外，糕点店也有出售这款酸甜可口的小吃，也有不少人在家中自制当作甜品食用。旧时老北京家家户户冬季取暖都得依赖煤球炉子，经常吃炒红果，可以清胃化痰，还能提神醒脑。食欲不振的时候，吃点美味适口的炒红果，感觉真是人生一大美事。在阳光的照射下，一颗颗红果就像一个个火红的小灯笼，晶亮透彻的汤汁又为其涂抹了一层亮色，更显得秀色可餐。

制作炒红果要选用深红色的大果，清洗时泡在清水里，加入些许盐和面粉，外皮洗净后，取出果核，把果肉放进砂锅中加水熬煮，添加适量白砂糖或冰糖，用大火煮后改用文火，待果肉呈现浅红色时盛出，放入少量蜂蜜味道更佳。

现在的餐厅一般都把炒红果当成凉碟，客人们在吃主菜之前可以吃炒红果开胃，尤其是在酒后，食用适量炒红果能起到解酒的作用。

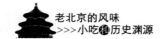
中年人应酬多，用炒红果解酒是再好不过了。老年人吃炒红果可以化痰和软化血管，可以把它当成日常保健食品来食用。儿童和年轻人可以把炒红果当成零食吃，总之炒红果适合各个年龄阶段的人食用，是老少咸宜的美味小吃。

而今在街头巷弄已难觅炒红果的踪迹，各大商场几乎也不再出售这味小吃，除了个别餐馆和少数地点外，炒红果似乎已是不多见了。那些捧着粗瓷碗兴致勃勃地品尝炒红果的美好旧时光似乎已然一去不返了，那些黄发垂髫吃着炒红果怡然自乐的街头风景也难以见到了，对于喜欢这款小吃的人来说，这的确是一种莫大的遗憾。如今炒红果星星点点的亮相，仍体现出一种倔强的坚守，但愿它能继续故我地焕发属于自己的风采。

2．峥嵘岁月：刘记创业传奇

提及最具代表性的北京传统小吃，自然少不了炒红果，而谈及炒红果，人们首先会联想到鼎鼎大名的刘记。刘记以专营炒红果而驰名京城，迄今已有半个多世纪的历史了。刘记的创始人是刘鸿印，他是第一批到东安市场经营生意的买卖人之一，现已成为享誉商界的历史人物。说起炒红果这道美食的历史，必然要提到他。

其实刘鸿印并非出身于商贾世家，刘家祖上世代以务农为生，一直本本分分地生活在北京城东部的六里屯一带。农家的成长环境是清苦的，这使得刘鸿印分外早熟，刚刚年满 18 岁，就踏入社会，在熙来攘往的东安市场设摊卖货，成了一名年轻的商贩。

当时东城区的朝廷命官出入紫禁城都要经过东安门大街，清廷为了方便文武官员出行，对那里的环境进行了整顿，责令商贩们全部迁往位于王府井大街已经废弃的练兵场里，还用铁丝网围成了一片区域，将其命名为东安市场，从此商贩们就聚集在那里从事商品贸易活动。

由于练兵场几乎没有什么客流量，做生意真是难于上青天，有的商贩耐不住了，只好失望地离开了。刘鸿印却认为在东安市场做生意也并非毫无指望，如果能占据有利的地理位置，照样能把买卖干得风生水起。

目光敏锐的刘鸿印看准了正街和头道街交叉的十字路口的位置，就在十字路口的北侧设置了食品摊位。当时东面、西面、南面也都设了摊位，可见刘鸿印年纪轻轻，远见却丝毫不亚于那些在商海中沉浮的其他生意人。当年刘鸿印主营时令水果，也出售冰糖葫芦和豌豆黄等小吃。

过了几年，东安市场逐渐繁荣起来，商业贸易兴盛一时，后来人迹罕至的练兵场慢慢演变成了商品贸易的聚集中心。刘鸿印用积攒的资金租下了一个双层的商铺，取名为刘记，还在东安门大街购置了地产，在院内的六七间房里开办了小吃作坊，生产炒红果、蘸糖葫芦和其他传统小食品。

宣统时期，刘鸿印的生意慢慢做大了，最后竟成了宫廷的供货商。他的地位是如何提升的呢？原来，当时皇宫御膳房选购食品的地方仅有两处，一处在前门外，另一处就在东安市场。刘鸿印觉得改变人生命运的机遇来了，既然东安市场和御膳房关系如此密切，他又在东安市场做生意，真可谓是近水楼台先得月，只要把握住机会，就能把吃食卖进皇宫里，使自己的各色小吃成为朝廷的御用贡品，如此就能让刘记小食品身价大增。于是他想办法结识了一名叫曹五头的太监，让

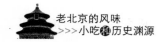
其将御膳房对食品的需求透露给自己，然后积极备货供应。就这样刘鸿印的生意越来越火爆，名气也越来越大，其本人也一跃成为业界人尽皆知的重要人物。

进入民国时期，刘记的小吃食品仍然广受京城百姓青睐，人们尤其喜欢那里的炒红果。炒红果也是品次的，最上等的炒红果是金钱果，是选用去除种子和果皮的果肉做成的，身价不菲，一斤值二十块大洋，而那时一名技术娴熟的工人每月的薪水只有八块大洋。普通百姓享用不起这么昂贵的吃食，只有豪绅贵族、戏曲名角才能有财力购买，因此炒红果在当时的历史时期是一种高档的奢侈品，虽不及燕窝鱼翅名贵，但也绝非泛泛之辈负担得起的。

刘记能把炒红果这款传统小吃做到极致，并一直传承下来，是刘家人辛苦经营的结果。刘家的女眷每天都要赶在炒红果上市前把这味小吃做好，通常要熬夜工作。那时做小吃的手艺人都有些心高，费尽心机琢磨如何让自家的吃食更具特色。比如炒红果，并非把红果放到锅里炒熟而是用水焯，这焯的工艺可不简单，首先将凉水和红果放在锅里熬煮，在开锅之前就得把红果完全焯透。假如水沸腾了，红果就会煮烂煮裂，成了软泥般的烂酱。因此，焯的关键就在于掌控好水温。焯完红果后，去除掉籽和果皮，浸泡在糖浆里，熬糖的学问也很大，必须要熬出筋骨来才算达到标准。

20 世纪 80 年代初，刘家炒红果的技术险些失传，多亏了刘宗义及时跟叔叔学会了这门手艺，才挽救了这款小吃。炒红果的关键就是掌握好焯的过程和熬糖的火候，刘宗义揣摩数载，才领悟到叔叔说的"熬糖要熬出筋骨来"的确切含义，要把普通的白砂糖熬制成软化糖，必须掌握好火候才能做到，熬出筋骨的糖口感更加甜美，味道比蜂蜜还好。炒红果成就了刘记的商业之梦，也为京城的百姓带来了新鲜可口的小食品。而今，炒红果和其他传统小吃一样逐渐淡出了人们的生活，但随着人们对传统文化的重视不断加大和怀旧思潮的兴起，炒红果在北京仍有不错的发展前景，希望有更多的手艺人把炒红果的制作工艺传递下去，并将这种承载了老北京人无数美好回忆的传统小吃发扬光大。

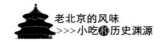

第三十七章
腊八粥

◎黏稠的粥，里面有各种杂粮和果仁，撒上点红糖或者白糖，粥热热的却不烫嘴，慢慢地喝，细细地品，味道非常好。喝了几口之后全身都感到暖暖的，就像被午后的阳光照耀着一样舒适，真是香甜在口，温暖在心啊。

◎有关腊八粥的记忆是在很小的时候，每年的腊八节，家里都会煮上一锅喷香的腊八粥，粥里有辗米、糯米、花生、红豆，偶尔才会放红枣，我们全家人都吃得分外香甜。后来在课堂上学到了一篇讲述腊八粥的课文，我才知道正宗的腊八粥是要放18种干果的，象征着18罗汉，即使从小喝的不是地道的腊八粥，但它承载着我童年的记忆和无邪的纯真岁月，长大后很多事情在脑海里都渐渐模糊了，唯有那碗香甜的腊八粥，在恍恍惚惚中又叩开了我回忆的门扉，那香气仿佛又萦绕在了我的身边，在那飘散的香味里我再次看到了那个吃得一脸幸福的小孩子。

1. 腊八节日里的杂粮粥

老北京人过新年，大都是从腊八算起，热热闹闹地延续到元宵佳节之后，过去老北京流传着一首腊八的民谣："小孩小孩你别馋，过了腊八就是年；腊八粥过几天，哩哩啦啦二十三；二十三、糖瓜粘，二十四、扫房子，二十五、做豆腐，二十六、去割肉，二十七、宰年鸡，二十八、把面发，二十九、蒸馒首，三十晚上闹一宿，大年初一去拜年。"足见旧时老北京人向来把腊八视作"年禧"来临的信号，而在腊八节吃腊八粥则成为北京乃至全国的一种习俗。

我国人民在腊八节喝腊八粥的风俗已有一千多年的历史了，腊八即农历十二月初八，相传秦始皇一统天下之后，将每年的十二月改为腊月，关于把岁末定为腊月的原因，《祀记》做出了相关诠释："蜡者，索也，岁十二月，合聚万物而索飨之也。""腊"和"蜡"都是古时的祭祀活动，"腊"是祭祀祖先的意思，"蜡"指的是祭祀百神，这两种祭祀习俗都是在农历十二月施行的，因此人们将十二月称作腊月。

汉朝以后出现了腊日，冬至后第三个戊日就是"腊日"，唐代张守节在《史记正义》中说："十二月腊日也……猎禽兽以岁终祭先祖，因立此日也。"南北朝时期才开始把农历十二月初八定为"腊八节"。中国喝腊八粥的习俗最初是始于宋代，每年的腊八节，无论王公贵族还是黎民百姓都要在这一天喝腊八粥。最初腊八粥的原料仅有红小豆和糯米两种，后来所用的食材逐渐宽泛，南宋的周密著在《武林旧事》中解释说："用胡桃、松子、乳蕈、柿、栗之类做粥，谓之'腊八粥'"。

到了清代，喝腊八粥的习俗更是风靡整个北京城，帝王、皇后和皇家子嗣要赏赐给臣子和宫女腊八粥，家家户户都要制作腊八粥食用。腊月民俗颇多。初八那天，人们不仅要喝各种杂粮制成的腊八粥，还要把腊八粥洒在大门和篱笆上，以此祭祀五谷神明，祈求风调雨顺、五谷丰登。我国各地腊八粥花样繁多，其中要数老北京制作的腊八粥更胜一筹，其所用食材非常广泛，包括白米、红枣、莲子、核桃、栗子、杏仁、松仁、桂圆、榛子、葡萄、白果、菱角、青丝、玫瑰、红豆、花生等，至少有二十多种。

人们通常是在过节前夕就开始煮腊八粥了，首先把白米淘洗好，将所有果实去除果皮和果核，以确保熬出的粥为干净的纯白色，然后把果脯、红枣、桂圆等细细剁碎，依照各类形状放入白米粥里，午夜时分开始熬煮，随后改用文火炖煮，直到次日清晨，腊八粥才做好。

更为讲究的做法是，用各种果子精雕细琢成各类人物、动物等栩栩如生的形象，然后再放进白米粥里熬煮。其中最引人注目的莫过于果狮，果狮是以多种果子制成的狮子形状的果品，狮身是用去核烤干的枣子做的，狮头是用半个核桃仁做的，狮子的腿脚是用四个核仁做的，狮尾是用甜杏仁做的。用糖把狮子身体的各个部分粘连起来，放进粥里，俨然一头神气活现的小狮子。假如用大碗装腊八粥，还可以做一对小狮子或者四头小狮子。除了果狮之外，以枣泥、豆沙、山药、山楂糕等颜色各异的食材做成八仙、老寿星和罗汉像等，用来点缀腊八粥也十分耐看。

腊八粥做好以后，首先要祭拜神明和先祖，然后在中午之前将它赠送给亲朋好友品尝，剩下的腊八粥供全家人食用。如果当天吃不完，几天之后还有剩余，就寓意着年年有余、大吉大利。把腊八粥涂抹在自家宅院栽种的花卉和果树的枝干上，有期盼来年多结果实之意。喝腊八粥除了和祭神拜祖有关，还体现出人们祈福求寿、避灾迎祥的美好愿望。当然现代人大多不再信奉神明，喝腊八粥已经和古时的祭祀活动全无关联，而今人们制作腊八粥和食用腊八粥不过是沿袭古时的风俗罢了，当然这样做也颇具趣味性，而且在冬季喝上一碗热气腾腾的腊八粥，既暖胃又有营养，味道还不错，何乐而不为呢？

2．传说纷呈，源于古时天子大蜡八

有关腊八粥的起源，历来都是众说纷纭，莫衷一是。有人认为是源于祭祀农神，有人认为与出身草莽的开国皇帝朱元璋有关，有人认为是为了纪念著名抗金英雄岳飞，其中流传最广的是纪念佛祖释迦牟尼之说。

传说一：相传朱元璋年少时，家境贫寒，过着饥寒交迫的生活。一天，他为地主家牧羊，走到了荒郊野外，到了傍晚也没有吃一点东西，早已饥肠辘辘。他知道在野外很难找到吃食，然而出于生存的本能，他下意识地四处搜寻着食物。忽然，他看见田里的一只肥硕的大老鼠嗖地一下钻进了鼠洞里，他赶忙靠近洞口，拿着一根树枝掏鼠洞，果然有所斩获，从里面掏出了小米、玉米、花生、红豆等各种杂粮，这些粮食显然是老鼠贮备起来准备过冬吃的。朱元璋把从老鼠那里抢来的粮食淘洗干净后，熬成了一碗杂粮粥，吃起来味道甚好。登上帝位以后，朱元璋又想起了他年少时做的杂粮粥，遂令宫中御厨做杂粮粥给自己吃，并给此粥赐名为"腊八粥"，御厨在粥里添加了芡实、莲子、桂花、桃仁、小枣，做出的杂粮粥更加香甜美味，后来杂粮粥从皇宫流入了民间，流传至今。

据史料记载，腊八粥在宋代就有了，不可能起源于明朝，因此源于朱元璋之说过于牵强。

传说二：相传当年南宋杰出将领岳飞在朱仙镇与金军短兵相接，连连获得胜利，然而统治者却命他班师回朝，在返回途中，正赶上数九寒天，将士们衣食无着，又饿又冷，处境十分凄惨，沿途的百姓纷纷熬粥给众将士送上，岳家军就靠着吃百姓的"千家粥"凯旋，那天恰好是腊月初八。后来岳飞被奸臣秦桧所害，人们为了纪念这位抗金英雄，每年的腊月初八都煮杂粮粥食用，以此缅怀岳飞。

从人们喝腊八粥的传统习俗来看，腊八粥与祭祀活动有着千丝万缕的联系，而岳飞是一位受人尊敬和仰慕的英雄，即使人们为了纪念他，也不应该跟拜祖先和神灵有太多牵扯，古人的祭拜活动无非是为了祈求庄稼有好收成，以及祈盼福寿安康、消邪避灾等，这与怀念一名爱国将领并没有太大关系。

传说三：相传在古印度北部，迦毗罗卫国之子乔达摩·悉达多，年富力强时就认为人生充满生、老、病、死等各种痛苦，为了超然物外，彻底得到解脱，他毅然在29岁那年抛弃了人们梦寐以求的王室豪奢生活，出家修行，足迹遍布印度各地。由于一直过度苦修，他饿得瘦骨嶙峋。十二月初八那日，走到比哈尔邦的尼连河畔时，他轰然昏厥在地。

一名善良的牧羊女经过他身旁时，他已微微苏醒。牧羊女把随身携带的杂粮和野果用野外的泉水熬成了粥，一点一点地喂给他吃。这一餐对于饿得几乎虚脱的乔达摩·悉达多来说，无异于人间珍馐。饱餐过后他顿时精神焕发，完全恢复了元气，于是高兴地在尼连河里沐浴净身，然后在菩提树下盘膝而坐，顿悟成道，佛教由此创立，世人尊他为释迦牟尼，将其视为佛祖，十二月初八就成了释迦牟尼的成道日。

佛教传入我国之后，佛教寺院纷纷在十二月初八以杂粮喝干果做粥供奉佛祖，称其为腊八粥。《析律志》中写道："十二月八日，禅家谓之腊八日，煮红槽粥供佛。"《咸道以来朝野杂记》也有："十二月初八日为浴佛日，各寺观煮粥供佛"的记载，封建君王还将腊八粥赏赐给朝中大臣，《燕京游览志》对此有所记述："十二月八日，赐百官果粥。"雍正年间，雍和宫内万福阁等多处地点都在制作腊八粥，并请僧人进宫诵读经书，然后把腊八粥赐给文武官员食用，民间也开始效仿喝腊八粥的习俗，腊八粥就这样成了中国的一种风俗。

把腊八粥的起源和释迦牟尼的成道紧密联系在一起是错误的。腊月初八，僧人们确实用腊八粥供奉佛祖，但这并不意味着腊八粥就起源于释迦牟尼成道。我国以十二月称腊月始于秦始皇，之前的十二月并不叫腊月，而释迦牟尼是于公元前约531年成道，正值我国的春秋时代，那时我国的十二月根本就没有腊月的说法，腊八粥这一名称又从何谈起呢？

再者古印度自有其纪年方法，不可能使用中国的农历计算时日，释迦牟尼成道日换算成中国的农历每年都不是一个固定的日子，将其固定在农历十二月初八显然并不合理。更何况把释迦牟尼成道和中国人祭拜祖先庆丰收联系在一起，更属牵强附会。

腊八粥真实起源是我国古代天子的大蜡八，历代君主都要在每年农历的腊月初八祭祀农神，也就是说起源于祭祀农神之说是正确的。古代天子大蜡八包括"合聚万物而索飨之"和祷祝祈愿两部分。所谓的蜡八指的是八谷星、八农神和有关农业生产的八个方面，而"合聚万物而索飨之"指的是以多种蔬果粮食煮成杂粮粥祭献八位掌管农事的神灵，这便是腊八粥的由来。

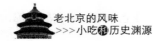
古时干物称腊，蔬果谷物存放到岁末自然风干了，故为干物，《周礼 "天官" 腊人》云："腊人掌干物。" 郑玄《注》解释说："腊，小物全干。" 蜡祭就是用干物做粥祭祀神明。蜡祭也作腊祭，其祭祀活动是在十二月进行。腊祭日即腊日是农历每年冬至后的第三个戌日，由于每年冬至并不是一个固定的日子，而每年天子的腊祭即天子大蜡八是在十二月初八，所以腊日最后被固定在十二月初八，《荆楚岁时记》有 "十二月初八日为腊日" 之语，说明腊日已经固定下来了。后来秦始皇把腊祭之月即十二月称为腊月，人们用来敬献的粥便被称作腊八粥，每年的那一天古人都在祈求神灵保佑风调雨顺、五谷丰登，后来这一风俗得以延续，于是我国就有了腊八节喝腊八粥的习俗。

第三十八章

酸 梅 汤

舌尖记忆

◎在儿时的记忆中，酸梅汤是自
然纯粹的梅子味，加了糖之后是酸酸
甜甜的，天然的紫褐色汤汁，古朴温
润，清清爽爽的，盛夏时节呷上一口，
凉意顿时沁入心脾，这种味觉的记忆
无论过了多少年都是冲刷不掉的。

◎酸梅汤的味道十分独特，酸而
不烈，甜而不腻，酸甜之中带着浓重的烟熏味，那便是乌梅的味道。
尤其是在苦夏，坐在树荫下喝上一大杯着褐色清亮的汤汁，冰凉镇齿、
直沁肺腑，让人顿感全身冷彻。咂咂嘴，还是那股熟悉的味道，好喝、
冰爽，十分过瘾。

1. 清凉适口的消夏饮品

酸梅汤这个名字，透着股古色古香的气息，引人遐想，眼前似乎

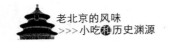

浮现出了泛黄的老照片，上面斑驳着斑斑旧痕。夏天呷了一口酸梅汤，那股凉意透心彻骨，宛如甘露般令人身心俱爽。酸梅汤酸甜之中带着冰爽，清新沁齿。古代制冰不易，冰镇饮品更是不多见，冰凉酸甜的酸梅汤自然就备受喜爱。在《红楼梦》第三十四回中，贾宝玉挨了一顿痛打，还不忘向贾母索要酸梅汤喝。

乾隆年间京城出现了九龙斋酸梅汤，道光时期兴盛起来，道光年间的进士浚颐在《春明杂忆》中写道："止渴梅汤冰镇久，驰名无过九条龙。""九龙"指的就是"九龙斋"，说明九龙斋的酸梅汤在当时乃是酸梅汤的驰名品牌，这主要归功于宫廷秘制的技艺，编修的翰林在品完那里的酸梅汤后提出了不少改进的建议，致使九龙斋成为京华酸梅汤中的佼佼者。成书于清光绪三十二年（1906）的《燕京岁时记》盛赞九龙斋酸梅汤说："酸梅汤以酸梅合冰糖煮之……以前门九龙斋为京都第一。"足见九龙斋在业界的翘楚地位。

据清代史书记载，酸梅汤主要有三种经营方式，有沿街叫卖的、摆摊售卖的，还有店铺出售的。高挂黄底黑字"梅汤"二字的店铺就是专营酸梅汤的店铺。九龙斋的冰糖酸梅汤每天从清晨时分就开始熬制，做好后晾一会儿，而后放入大清花瓷罐里冰镇，每日仅售两罐，客人来迟了就买不到了，价格不菲。北京的小孩子世代都念着"梅汤味甜酸，九龙最驰名"的歌谣慢慢长大，这老字号的名声确实非同一般的响亮。

清末民初时期，信远斋的酸梅汤开始声名远播，其选料十分讲究，乌梅是产自云南、广西、四川的上品，冰糖是专供宫廷使用的，做出的酸梅汤梅汁水稠密，加入的冰糖也多，酸甜适口，入口冰凉，含在嘴里让人舍不得下咽，只想让这番美好的滋味在口中多停留片刻。那时文人墨客常常到信远斋买酸梅汤消暑生津，有时也纯属为了解馋。

信远斋的酸梅汤前夜就已经熬好了，盛器是白地青花的大瓷缸，装好后放入冰桶里冰镇。

古往今来，酸梅汤一直深受大众推崇，它不仅酸甜爽口，还能开胃提神，补充身体所需水分，要远胜于碳酸饮料。酸梅汤虽口感是酸酸的，然而却是碱性饮品，食肉过多喝酸梅汤可以中和其中的酸性，有助于实现人体内的酸碱平衡。另外，酸梅汤还可清火和助消化。对于老北京人而言最好的消暑饮品当属酸梅汤，在火热的夏季，老北京人纷纷买来乌梅自己熬制，添加点白糖淡化酸味，冰镇备用。酸梅汤是以乌梅、山楂、桂花、干草、冰糖制成的，可不要小看这几种原料，尤其是乌梅，还具有食疗价值，可以清除燥热，安神止痛，还有治疗咳嗽、霍乱、痢疾等疾病的功效。我国古典神话小说《白蛇传》就写过乌梅辟疫的故事。

酸梅汤既美味又有保健和食疗作用，原料易得，制作起来也不麻烦，夏天在家里自行熬制，随时都能喝上这款不错的冰镇饮料。制作酸梅汤最主要的食材是乌梅，据《本草纲目》记载："梅实采半黄者，以烟熏之为乌梅。"意思是采摘尚未成熟的青梅，然后用烟熏烤之后使其呈现出黑色即为乌梅。做酸梅汤当然不必自己亲手熏制半黄的梅子，乌梅在很多中药店都能买到。《本草纲目》中说乌梅具有止咳止渴止泻的作用。

制作酸梅汤的具体做法是：备好乌梅、山楂、冰糖，将乌梅和山楂在清水中泡两分钟，除掉表面浮尘后，再仔细清洗。加清水入锅，将乌梅和山楂倒入，用大火加热煮沸，改用中火煮半小时，熄火盛出，添加冰糖搅拌。酸梅汤冷却后，放进冰箱冰镇，随吃随盛。

更讲究、更正宗的制作工艺是先用猛火熬煮再用小火煨，以火的狂暴和柔情煨炖一锅梅子汤，把果肉完全融进汤汁里。水和果肉的比

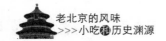
例一定要恰到好处，熬制过程中不能再加水，否则味道就会有所改变，熬酸梅汤要熬三道，需要花上数小时的时间。如今已出现用蒸气熬制酸梅汤的技术，然而只有火的力量才能让乌梅那种醇厚的酸甜味道奔涌而出，使之在人的唇齿间热烈绽放。用火熬煮酸梅汤的过程是这样的：第一道水熬煮的酸梅汤味道是淡淡的，可过滤后备用；之后用果肉熬第二道，第二道水熬出的酸梅汤味道浓郁，过滤后将其放入第一道水中混合；第三道水熬汤汁，熬出的水透出梅核的芳香。最后把三道酸梅汤汁混合在一起，就产生了富有层次感的复合味道，酸甜度刚刚好。酸梅汤冰镇后所有程序就完毕了。

酸甜清凉的酸梅汤是苦夏时节颇受欢迎的传统饮品，如果能用山泉水熬制更好，泉水天然的甘甜混合着梅子的酸味以及冰糖的甜味，口感更佳，井水较泉水差些，但是在没有条件取到泉水的情况下可考虑用井水代替，自来水熬制味道会更降一层，但是假如不是过分挑剔的话，味道还是不错的。如果采用白地青花碗或杯子盛装，就更有一番古韵古香了。正宗的酸梅汤，酸甜宜人，冰爽沁人，有如柔情似水的女子，骨子里却蕴含着一股令人惊诧的后劲。喝酸梅汤就像品酒，越品越有味，越品越惊喜。

2. 渊源无关帝王，民间自古有酸汤

酸梅汤是一道历史悠久的传统饮料，关于其起源民间流传着两种说法，一说与明朝皇帝朱元璋有关，一说与大清帝王乾隆有关。

朱元璋出身贫苦，自幼过着食不果腹的穷苦生活。一年，他的家乡闹饥荒，饿殍遍地，他也一连三天没有进食了，奄奄一息，一位善良的老婆婆见他可怜，出于悲悯之心给了他一碗救命汤，朱元璋狼吞虎咽地喝完后，觉得有如琼浆玉液般美味，就好奇地询问此汤的名字，老婆婆随口说叫珍珠翡翠白玉汤，其实不过是用些碎米粒、菜叶和豆腐做的菜汤而已。由于朱元璋饿得厉害，即使粗茶淡饭也觉得是人间美味，所以认为这寻常的菜汤十分好喝。

从此朱元璋对汤产生了浓厚的兴趣，后来还自己发明了一种有治疗作用的汤。相传在元朝末年，朱元璋开始经营贩卖乌梅的生意，当他途经湖北襄阳时正赶上当地瘟疫肆虐，他也不幸患上了时疫，卧病在床，但心里还惦记着乌梅的买卖，踉踉跄跄地走进库房查看乌梅时，嗅到了乌梅散发出来的浓郁酸气，竟然顿时感到神清气爽，病情似乎在一瞬间减轻了。朱元璋大受启发，遂自行配置了以乌梅、山楂、甘草熬制的汤药，坚持每天服用，几日之后，他竟奇迹般地康复了。此后朱元璋就不再卖乌梅，改卖有药用价值的酸梅汤了，一时间购买者众，朱元璋暴富，为反元大业积累了雄厚的财力。

成为明朝开国之君后，朱元璋依然喜欢喝酸梅汤，于是酸梅汤就成为了宫廷的日常饮品。后世酸梅汤行业把朱元璋奉为此饮品的缔造者，许多专营酸梅汤的店铺里都悬挂着朱元璋的画像。

到了清朝，以肉食为主的清朝统治者常喝酸梅汤去油腻清肠胃，传说这种饮品是乾隆帝下令创制的。早年满洲人生活在白山黑水间，狩猎是他们食物的主要来源，因为经常吃肉，他们便发明创制了酸汤子来去除油腻。酸汤子是发酵的玉米制成的，每天进食一些高热量的荤食，饮用酸汤子，确实能去荤腥。

满洲人在北京建立政权后，仍然保留着传统的饮食习惯。但是北京的自然环境与他们原来的居住地截然不同，又加上他们的生活方式骤然发生了巨大变化，导致他们在短期内难以适应。酸汤子的主要原

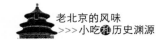
料是玉米，含糖量较高，坐镇中原后他们不再频繁地狩猎，活动量大为减少，致使糖分在体内大量堆积，进而转化成脂肪，造成体重剧增。常年吃肉又总喝含糖量偏高的酸汤子，对健康来说无异于雪上加霜，乾隆帝认识到事态的严重性，遂命令御茶坊研制出新的酸汤。

后来御茶坊费尽心机终于研制出了取代酸汤子的全新饮品，即酸梅汤。其原料为除油解腻的乌梅、具有化痰功效的桂花、清热解毒的甘草、能降低血脂和血压的山楂和润肺止咳的冰糖。酸梅汤除了能去除油腻外，还含有对人体有益的有机酸、枸橼酸、维生素 B2 和粗纤维等营养元素，常年饮用对身体大有裨益。据说乾隆帝对酸梅汤情有独钟，几乎每天都要喝酸梅汤。从现存的史料记载和画像上看，乾隆帝一生身材清瘦，神采奕奕，即使到了晚年也没有变得体态臃肿，这极有可能与他常喝酸梅汤有关。

基于乾隆帝对酸梅汤的偏爱，再加上酸梅汤本身味道不错，又有保健作用，遂很快在清宫流行起来，后来传入民间，成为了一种十分普及的饮品。

那么酸梅汤的起源究竟是怎样的呢？其实我国在很早前就有酸梅汤了。早在商周时期，人们就掌握了用梅子制作酸品饮料的方法。古籍中所记载的"土贡梅煎"就是我国最早的一种酸梅汤，南宋的《武林旧事》提到的"卤梅水"也是一款与酸梅汤极其类似的消暑饮品。有关朱元璋发明酸梅汤一说从现代科学的角度来说似乎有几分道理，酸梅汤的原料多是中药，确实有清热解毒和止痛的作用，朱元璋卧病时每天服用酸梅汤，可有效缓解以发热为主的急性热病。但从历史的角度看，这个传说就有些经不起推敲，朱元璋一生没有经过商，不可能贩卖乌梅，而且在成为帝王前不曾暴富过，靠卖酸梅汤致富之说实属无稽之谈。

朱元璋不是酸梅汤的发明者，那么这款饮品有可能是乾隆下令创制的吗？其实明代乌梅已经成为百姓的日常食品了，酸梅汤中的主要原料乌梅、桂花等原产地在南方，老北京的酸梅汤极有可能是在南方酸梅汤基础上改进研制而成的。清代御茶坊管理极为严格，为了保证皇室家族饮食安全，御厨多为世袭，他们大都习惯沿袭传统，创新能力不足，所谓的创制新菜品、新饮品多是在民间食品的基础上略加改进，所以酸梅汤出现在皇宫以前，早已在民间流行，喝酸梅汤的百姓非常之多，这款饮品绝对安全无风险才可能被御厨们引进宫廷。由于皇家是采用玉泉山的泉水熬制的酸梅汤，味道自然非民间可比，于是名声响过民间酸梅汤也入情入理。

综上所述，酸梅汤雏形可追溯到古老的商周时代，我们今天所喝的酸梅汤是清宫在已经流行于民间无数个朝代的酸梅汤的基础上改进而成的。酸梅汤的发明源起民间，其创制者并非古代帝王。

3. 依依冰露酸梅汁

自古以来，酸梅汤都是炎炎夏日里最有吸引力的饮品，那么它的诱惑力究竟有多大呢？就北京城而言，无论黎民百姓还是文化名流极少有人不爱喝酸梅汤的。《都门竹枝词》里的一句"铜碗声声街里唤，一瓯冰水和梅汤"生动地描绘出了清代北京城的市井消夏图：街头贩卖酸梅汤的商贩们有节奏地敲击着冰盏，发出一阵阵清越之音，一边还吆喝着："喝酸梅汤嘞，冰冰的好凉嘞！"人们听到这熟悉的京腔京韵，就欢欢喜喜地围上来购买了。

旧时的北京街头，商贩们为了吸引顾客的注意，总是铮铮有声地

敲着冰盏，冰桶里冰着前夜熬制好的酸甜冰凉的酸梅汤，伴着清脆悦耳的敲击声，人们闻声望梅而止渴，顿有全身清凉之感，喝上一碗，暑气全消。当时酸梅汤既有沿街叫卖的，也有摆摊贩卖的，还涌现出了不少专营酸梅汤的店铺，如琉璃厂的信远斋、前门外的九龙斋、天桥的邱家、西单牌楼的路遇斋东安门丁街的遇缘斋。酸梅汤在民间流传了数个朝代，见证了无数王朝的兴衰，在清代被列入皇家御用的饮品。

民国时期，徐凌霄在《旧都百话》中细致地描写了酸梅汤在老北京的风行状况："暑天之冰，以冰梅汤最为流行，大街小巷，干鲜果铺的门口，都可以看见'冰镇梅汤'四字的木檐横额。有的黄底黑字，甚为工致，迎风招展，好似酒家的帘子一样，使过往的热人，望梅止渴，富于吸引力。昔年京朝大老，贵客雅流，有闲工夫，常常要到琉璃厂逛逛书铺，品品古董，考考版本，消磨长昼。天热口干，辄以信远斋的梅汤为解渴之需。"

当年文化名流们在逛琉璃厂、书店之余都喜欢到信远斋喝酸梅汤，梁实秋、张恨水、唐鲁孙、梅兰芳、马连良是那里的常客。梁实秋还发出了："很少人能站在那里喝那一小碗而不再喝一碗的"的感叹，他的孩子们在信远斋创下过连喝七碗酸梅汤的纪录。鸳鸯蝴蝶派作家张恨水曾写下"一盏寒浆驱暑热，令人长忆信远斋"的诗句。

百姓喝酸梅汤虽不及文人墨客那般风雅，也留不下风雅的诗句和意趣的文章，但是对酸梅汤的喜爱之情一点也不比他们少。酸梅汤是当之无愧的夏天最好的解暑祛火饮料，大伏天一口紫褐色汤水入喉，顿感舌冰齿寒，清爽的凉意从口腔袭遍全身，浑身都好像浸润在这冰凉的汁液里了，那种酸甜的味道也十分特别，霎时间征服了舌尖的味蕾，将一种莫大的愉悦感以不可思议的速度传达给了大脑，让人精神为之一爽，感到无比惬意。旧时在胡同里，人们三五成群，聚在树下喝酸梅汤，手里摇着蒲扇，天南海北地聊些逸事趣闻，那场景也是一幅不错的世俗风情画。过去酸梅汤非常经济实惠，极低的价格就能买上一大碗，除了酸甜的滋味，还有一股桂花香味，沁人心脾，美味提神，再买些豌豆黄之类的糕点，喝口酸梅汤吃点小吃，简直是一种无上的享受，那感觉真是美极了。

过去出入信远斋和九龙斋的当然都是些名流，而在街头购买酸梅汤或在家中自制酸梅汤的皆属于平民百姓。文人品尝酸梅汤，多是品鉴，历史文化、各种掌故信手拈来，能写出不少妙句和美文来。普通百姓喝酸梅汤，重在感觉，喜欢它的味道，喜欢它富有的生活气息，喝上一碗物美价廉的饮品，立即感到透心凉，那种乐趣怎是一个"爽"字可以道尽的呢？

第三十九章
玉米粥

舌尖记忆

◎特地到农家乐吃了一次玉米粥，那次经历让我终生难忘。热气腾腾的玉米粥盛在一只粗边大碗里，那碗口大立腔，灰白的碗面绘着粗拙的青花纹。粥略黏，白种透黄，熬得十分细腻，猪油白如羊脂玉，非常清晰透彻，渐渐溶化的油脂缓慢地向四周散开。玉米天然的清香味和油香味混合在一起，在房间里弥漫，在唇齿间跳跃，我不禁感叹玉米粥真是世上最好喝最美味的粥类啊。

◎待那金灿灿、喷喷香还泛着油光的玉米粥呈现在我面前的时候，我顾不上矜持等不及粥凉便喝，嘴唇沿着碗边一点点吸吮着，持碗的手不断地转圈移动着，喝得"嘶哈"有声，微微闭眼咽下，热气和玉米香味融合在一起，心中欣然发出赞叹，香啊！

1. 舶来的养生粥

玉米粥本是再寻常不过的食物，然而却能跻身清宫御膳房的食单，这是为什么呢？从养生的角度看，玉米性平味甘，有利尿消肿、健脾开胃、清湿热等功效，具有良好的保健养生作用。玉米还富含多种维生素和矿物质对人体有诸多好处。玉米粥味道清甜，容易消化，非常适合在早餐时间食用。

其实玉米不是我国的本土农作物，而是产自中美洲，是由印第安人培育出来的，16世纪传入我国。最早有关玉米的记载是成书于明嘉靖三十四年（1555）的《巩县志》，书中称玉米为"玉麦"，成书于嘉靖三十九年（1560）的《平凉府志》将玉米称为"番麦"和"西天麦"。我国明代的药物学专著《滇南本草》记载了玉米的药用价值："玉麦须，味甜，性微温，入阳明胃经，通肠下气，治妇人乳结红肿或小儿吹着，或睡卧压着，乳汁不通。"

玉米在被我国引入之初，被当作稀罕物，明代的《留青日札》解释了玉米的由来："御麦出于西番，旧名番麦，以其曾经进御，故名御麦。"在明代文学作品《金瓶梅词话》中，玉米面玫瑰果馅蒸饼属于宴请宾客的上品佳肴。在清代玉米被列为皇家御用之物。据《盛京通志》所载，玉米乃是"内务府沤粉充贡"。直到18世纪中至19世纪初，玉米才开始在我国大范围种植。据清史学家统计，在乾隆至道光年间，全国种植玉米的省区已多达20个。

南宋的爱国诗人陆游写过一首有关玉米粥的诗，名为《即事》，诗文曰："渭水岐山不出兵，却携琴剑锦官城。醉来身外穷通小，老去

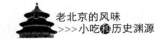

人间毁誉轻。扪虱雄豪空自许，屠龙工巧竟何成。雅闻岷下多区芋，聊试寒炉玉糁羹。"这里的玉糁羹指的就是玉米粥。当时的陆游壮志难酬，又与唐婉劳燕分飞，政治主张不能实现，情场又失意，可谓苦闷至极，所以就想用岷山下的山芋和玉米做些美味可口的玉米粥犒赏自己。专家指出，不同颜色的食物对人的情绪有不同的影响，如红色食物令人亢奋，白色食物让人放松，而黄色食物令人振奋，让人倍感温暖和舒适。一碗黄澄澄的玉米粥，确实可以舒缓人的烦躁情绪，看来陆游在心情不佳时食用玉米粥是非常合理和明智的。

我国著名的长寿之乡江苏省如皋，盛传着这样的民间谚语："糁儿粥，米打底，常喝活到九十几。"据统计，如皋的百岁高龄老人当中多达74%的人每日两餐都喝玉米粥。民谚中的"糁儿粥"指的便是玉米碴子粥。这种粥的做法是把玉米磨成粉末，将其均匀地撒入锅中的沸水内，边撒边搅拌。"米打底"指的是在玉米碴中掺入白米煮粥。

那么玉米粥和长寿有着多大的关系呢？玉米属于对人体有益的粗粮，其营养价值和保健作用远远高于其他粮食。常喝玉米粥对预防心脏病和癌症有良好的效果。此外玉米粥还可有效补充人体水分，尤其适合中老年人食用。因为中老年人容易出现体内慢性缺水，会直接导致尿液减少，皮肤功能退化，汗液减少，阻碍人体新陈代谢，不利于体内废物排出，致使有害物质在身体内堆积。如果玉米粥及时补充了人体缺失的水分，上述症状就不会发生。

在我国另一个长寿乡山东省江北水城聊城，有位111岁的老人名叫王景之，每天以玉米粥和鸡蛋为食，白发竟奇迹般地转黑，这真可谓是现实般的返老还童了。老人的长寿秘诀除了保持心情愉悦外，就是其合理的饮食结构了，其中玉米粥所起的作用是不容忽视的。

说了玉米粥这么多好处，皇家对其钟爱有加也就不那么难理解了。也许古人对玉米粥的价值远没有今人了解得那么全面，但是由于在古代，玉米属于珍稀之物，受到特别对待也在情理之中。小小的一碗粥，居然有那么悠久的历史和那么多功效，着实让人觉得不可思议。那么作为更注重饮食健康的现代人当然更有必要掌握制作玉米粥的方法了。其制作过程并不复杂，其中一种做法是：将玉米去掉壳，清洗干净，添加少许糖熬煮 20 分钟盛出，待晾凉后，用坚硬的不锈钢匙括下玉米，放入锅中，加入黄酒、盐、味精、清汤，煮沸后，用菱粉勾成薄芡，打碎鸡蛋取蛋清部分放入，搅拌均匀后，片刻便可出锅食用。

2. 帝王逸事：康熙偶遇玉米粥

我们已知道玉米粥跟皇家渊源密切，据《清宫琐记》记载，慈禧尤其喜吃玉米粥。然而真正让玉米粥扬名京城的是康熙皇帝。康熙帝生活简朴，对各种珍馐百味兴趣不大，饮食偏于清淡，那么他是怎么发现玉米粥这一民间吃食的呢？

众所周知，满族人是马背上的民族，大清王朝上至帝王下至王公贵族都练就了一身马上功夫，均属狩猎高手，康熙帝也喜欢骑马打猎，其水准也是十分了得的。

一日，康熙帝和一些随侍前往滦平长山峪一带狩猎，收获颇丰，猎到了不少猎物，一行人都心情大好。直到太阳西沉时才开始往回返。在归途中，康熙盯上了远处一只矫健优美的梅花鹿。这时猎物口袋还未装满，康熙也还意犹未尽，便马上拉弓搭箭，策马追去。

梅花鹿跑得飞快，康熙穷追不舍，眼见暮色加浓，侍卫们被远远甩在了后面。康熙渐感体力不支，肚子也饿得难受，失去了继续追赶

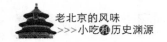
猎物的兴致，便掉转方向策马往回走。

过了一会儿，康熙发现前面有户农舍里透出温暖的灯光，他骑马走了过去，心中甚是欢喜，心想没想到这荒郊野外也有人家，自己又累又饿，正好可以进去歇歇脚，然后吃个便饭。他高兴地翻身下马，忍不住朝农舍屋内张望了一下，看见一位白发苍苍的老翁正在和家人享用晚餐。饭菜的香味飘了出来，康熙咽了一口唾液，感到更饿了。其实农家也吃不起什么珍馐美味，桌上仅有些黄澄澄的玉米面粗粮和一碗热腾腾的玉米粥，此外还摆着一盘烧金针和凉菜，最奢侈的荤菜就是野兔肉炖蘑菇。

康熙再也按捺不住了，便进了屋舍彬彬有礼地对老翁说："老人家，打扰了。我今天在山中狩猎，不知不觉忘了时间，现在天色太晚了，我恐怕一时赶不回去了。白天打了一天猎，没来得及吃饭，现在饿得很，不知可否让在下在这里吃个便饭，他日定会送还银两。"

老翁是个淳朴善良的农夫，听完康熙的叙述后，立即热情地邀请他和家人一起用餐。康熙坐下来之后，也不再顾忌什么礼数，风卷残云地大吃起来，由于饿得很了，他也来不及吃许多菜，倒是狼吞虎咽地吃了不少干粮，怕吃得急噎着，就边吃边喝玉米粥，这玉米粥好喝极了，又香又甜，带着浓浓的玉米味，他在宫里还不曾吃到过这么爽口的东西。

用完餐后康熙对烧菜的厨子好奇起来，便问老翁："老人家，这饭菜做得可真香啊，您一定有一个十分贤惠的媳妇吧。"

老翁说："陪我吃晚饭的只有我的三个儿子，他们都还没有成家，我内人早就去世了，家里一个女人也没有。我的三个儿子都有分工，大儿子打猎，二儿子砍柴，三儿子留在家里做饭并照顾我。今天的晚饭就是我三儿子做的，手艺还不错吧。"

康熙听罢很是惊奇，没想到年轻的小伙子也这般心灵手巧，竟能烧出这么可口的饭菜。他打量了一下老翁的三儿子，觉得这年轻人长得眉清目朗、干干净净，不由得夸赞了一番。这时，侍卫们赶了过来，看到皇上的御马拴在农舍外，便知皇帝进了这户农家，于是就不假思索地走了进来。老翁一家人见到皇宫里的侍卫方才意识到面前的这位来客乃是当今圣上，慌忙跪下来叩头。康熙让他们免礼平身，说："朕此次出宫狩猎，很是欣慰，不但收获了很多猎物，见到你们一家安居乐业，生活得这样和美，朕真的非常高兴。"说完，康熙让侍卫重赏了老翁，然后策马返回皇宫。

过了几日，康熙又想起了在农舍吃过的玉米粥，御膳房里的山珍海味早就吃腻了，远不如那玉米粥吃着新鲜，于是他便召老翁的三儿子进宫，在御膳房里当职，专门负责烹制自己爱吃的玉米粥。此后玉米粥就成了宫廷美食，在御膳房的食谱里榜上有名，变成了皇家御宴里的风味食品。

第四十章
果子干儿

◎上小学的时候，每年春天干果店都有果子干儿和玫瑰枣等时令小吃卖。果子干儿装在一个大蓝花瓷盆里，上面盖着玻璃，卖的时候盛在一个浅底的蓝花小碗里，很像碟子，碗里

既有炮制好的果子干儿，又有汤水，吃的时候连汤带果一起咽下去，杏酸柿甜，藕片脆，汤汁冰凉，非常好吃。

◎小时候住四合院，每逢隆冬，家里就开始泡果子干儿，熬好的果子干儿像粥一样，吃到嘴里，酸中带甜，糯中带脆，藕片是脆嫩的，果子的酸甜味沁人口舌，一碗过后还是馋得直咂嘴。

1. 宫承民俗的果脯冰食

在老北京，果子干儿是一种知名度非常高的消夏冰食。在我国冰食文化源远流长，历史已经超过三千年了。据《诗经·豳风·七月》记载，古人解暑的办法是冬季冒着刺骨的寒风到河面上凿冰，然后将冰块储藏到地下的冰库里以备来年夏季消暑食用。到了周朝时期，国家还设定了专门负责掌管冰库的官职凌人，《周礼》中就有"凌人掌冰，正岁，十有二月，令斩冰，三其凌"和"春秋治鉴，夏颁冰，秋刷"的记载，过去古人就是用冬季储存的窖冰来冰镇食品和美酒的。

当然随着社会的发展，人们不可能再用那么古老的方法来消暑，于是更精致的冰食就应运而生了，清代的《燕都小食品杂咏》中有句诗就是专门描写果子干儿的："杏干柿饼镇坚冰，藕片切来又一层。"老北京的冰食有很多种，果子干儿非常受欢迎，它的原料比诗句要丰富，包括杏干儿、柿饼、鲜藕和葡萄干儿等各种果品，由于它们大都在秋冬季节成熟，因此人们常在过了数九寒天之后才开始制作这种冰镇小吃，以立春时食用为最佳。过去老北京到了冬春两季就看不到几种可供食用的新鲜果类了，除了冰糖葫芦和冻柿子，几乎难享什么口服了。果子干儿一上市可谓一枝独秀，自然备受京城百姓的推崇。到了夏天，果子干儿也是一种生津消暑的甜食，旧时食品摊位上每天都在售卖。

果子干儿色香味俱佳，琥珀色的柿饼、橙红色的杏干儿，再加上雪白的莲藕片，看起来色彩丰富，又富含诗意，吃到嘴里凉凉的、

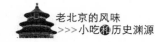
脆脆的，还带着点甜香，味道甚好，难怪唐鲁孙先生曾经写下过这样一段话来描述果子干儿："吃到嘴里甜香爽脆，真是两腋生风，诚然是夏天最富诗意的小吃。"

过去老北京有很多果子店售卖果子干儿，其中最有名的是位于东珠市口的"金龙斋"，也有走街串巷的流动商贩卖果子干儿的，他们从不出声吆喝，而是手持两只铜冰盏，边走边有节奏地敲击着，那悦耳的打冰盏的声音在很远的地方都能听见。人们被这清脆的声音吸引，都纷纷走到街上购买冰食。商贩们通常以一把小铜勺将酸甜清凉的果子干儿装进蓝花瓷碗里，食客吃上几口，冰彻牙齿，各种果品的味道于舌上交融萦绕，感觉无比适口。尤其是在烈日炎炎的午后，吃上这么一碗冰镇解渴的甜品，那股凉意和那种甘甜的滋味真的可以瞬间激起味觉和触觉的全部快感，那种感觉真是美妙得难以言传。

民间的果子干儿曾经传入过宫廷，宫廷果子干儿自然更为讲究，柿饼是全国最好的，是产自山东耿县的"耿饼"，杏干儿是西山北山的大红杏制成的，冰糖来自宝岛台湾，桂花来自杭州，果藕来自白洋淀，制作果子干儿的水是源自玉泉山的山泉水，所用的盛器也十分奢华，为五蝠捧寿的团龙碗。御膳果子干儿酸甜可口，滑爽宜人，帝王们都非常喜欢吃。

由于市面上的果子干儿难以保证卫生，冬季制作的吃食冰镇到夏天售卖，自然早已不新鲜了，所以它和糖豌豆、冰粉儿等一起被禁了，淡出了老北京人的视野。而今由于交通运输的畅通和发达，南方的水果源源不断地供应北方的市场，北京人一年四季都能吃到新鲜水果，果子干儿的卫生问题本是可以解决的，可是由于时代的进步，消暑的冰食变得更为多样化，果子干儿这种传统的冰食很难再重现市场。

对于对果子干儿仍然心生向往的朋友，不妨自己掌握制作方法，如此随时都可以品尝到这道传统风味的小甜食。《北京土语辞典》记载过果子干儿的制法："果子干：以柿饼为主，加入杏干儿，用温开水浸泡，最后加鲜藕片，调成浓汁，味甜酸，为老北京夏季食品。"唐鲁孙先生也提到过果子干儿的做法："果子干的做法，说起来简单之极，只是杏干、桃脯、柿饼三样泡在一起用温乎水发开就成啦。可是做法却各有巧妙不同，既不是液体，可也不能太稠，搁在冰柜里一镇，到吃的时候，在浮头儿上再切上两片细白脆嫩的鲜藕，吃到嘴里甜香爽脆。"王敦煌介绍得更为详细些："把杏干一片儿一片地挑，用开水泡上……柿饼上的蒂摘下去，再用水把柿霜洗掉。又把藕洗净去皮切成薄片儿在锅里一焯，捞出来放在碗里头。再用锅烧开了水，晾凉了，把柿饼撕碎了放在锅里，把杏干儿也倒在里头泡着，等泡的汤发黏了，再把藕片儿倒在锅里，加点糖桂花，用勺子搅匀了，就把锅放在冰箱里，冰镇凉了才能吃呢！"

刘叶秋先生则提出了另一种制作方法："果子的原料为柿饼、杏干和鲜藕片。柿饼、杏干都先以水泡，然后掰碎柿饼与杏干共煮烂，再切藕片加入，盛以大瓷盆，置于冰上。柿甜杏酸，且有浓汁，藕又清脆，味兼软硬。"

那么泡和煮哪种方法更好呢？煮自然比泡要快得多，半个小时就能做好这道小吃了。可是煮出来的果子干儿颜色偏暗，果品的味道也变了，所以还是泡比较好些。具体制作方法是：先以开水把柿饼焯一下，除掉表面的白霜，之后用手将其撕碎。把半青半黄的杏干儿和柿饼放在冷水中浸泡，注意断不能用热水泡，否则柿饼会化掉，也不能用温水，用温水泡柿饼，一夜就变馊了。泡制时要将果

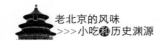
子干儿放进低温冰柜里冷藏，12个小时以后，果脯充分吸收了水分，轻轻一搅，柿饼便化开了，然后放入藕片和桂花酱，汤为透亮的琥珀色，汤汁浓稠，果脯非常有嚼劲，酸酸甜甜，另外柿饼有润肠去火的功效，杏干儿有助于消化且增进食欲的作用，藕片则能滋养通气，所以说果子干儿实为解暑的佳品。

2. 逗趣童真：同治衣兜果子干儿

大清的君主非常喜欢微服私访，在与民同乐之时顺便还能品尝到各色民间美食，一些趣闻逸事随之发生，果子干儿能从民间传入紫禁城的御膳房，也跟帝王到民间尝鲜有关，不过这次不是康熙和乾隆，而是年仅9岁的同治小皇帝。

相传同治9岁那年，由于厌倦了宫中的高墙生活，竟偷偷溜出了紫禁城。9岁正值天真烂漫的年龄，6岁就登基的小皇帝同治，自然对国家大事没什么兴趣，他像其他同龄的孩子一样喜欢嬉戏玩耍，厌恶读书，向往自由自在、无拘无束的生活，可是皇宫犹如一座华丽的囚笼，束缚和遏制了他的天性，时间一长他感到苦闷极了，他真希望自己能和其他儿童一样健康快乐地成长。一天，他终于下定了出宫的决心，他要冒一次险。外面的世界一定很大很精彩，他早就对外界心驰神往，觉得大开眼界的时候到了。

那日，同治没有表现出任何异常，佯装在皇宫里闲逛，侍卫们也没发现任何异样，谁都想不到小皇帝心里盘算着出逃计划。同治顺利地靠近了丰泽门，然后悄悄地溜出了紫禁城。第一次出宫，他感到兴奋极了，心跳加快，气喘吁吁，觉得既紧张又刺激，为了不让别人认出自己，他换上了平民的装束，看起来和寻常的孩童没什么两样。

同治越出了皇城的宫墙，觉得一切都是那么新鲜有趣，天空似乎也变得更蔚蓝更高远了，阳光也显得分外明媚和灿烂，大街上人来人往好不热闹。同治一边走一边四处东张西望，却总也看不够。走着走着，他看到一群和自己年龄相仿的小孩围在一辆摊车前，每个小孩都手持一只小碗，商贩们往小碗里一一放进了什么东西，小孩们端碗来就吃得干干净净，一脸陶醉的表情。同治心想那碗里一定是好吃的东西，在不远处看着，不知不觉就馋得流下了口水。

他怕商贩把好吃的卖完了，就急忙走了过去问："你卖的是什么东西？"商贩说："小少爷，它叫冰冻果子干儿，酸酸甜甜，凉丝丝的，小孩都爱吃，你想不想尝尝看？"同治从未被人叫过小少爷，觉得非常有意思。那商贩想必是从同治的穿着上推断出他是大户人家的孩子，才如此称呼他。然而同治只是个爱玩爱吃的孩子，自然想不到许多。当时出宫为了寻到一件平民的衣裳他也是费了不少周折，而今他穿在身上的衣服仍比普通孩子的穿着要惹眼得多。

"我要一碗。"同治很爽快地买来一碗冰冻果子干儿，只见碗里有冻柿子饼、杏干儿和藕片，汤汁稠稠的，吃上几口，冰凉冰凉的，柿子的甜味和杏干儿的酸味一起袭来，感觉好吃极了，比皇宫里的吃食不知要好上多少倍。同治正吃得高兴，宫里的太监就急匆匆地找过来了。那些太监发现小皇帝失踪时，急得就像热锅上的蚂蚁，他们深知慈禧太后性情暴戾，如果知道同治丢失了怪罪下来，自己定是性命难保。一行人为了找同治恨不得把京城整个翻个遍，好在小皇帝没走远，在食品摊面前吃东西的时候被他们撞见了。

同治看见宫里的太监跟来了，心中暗叫不好，看来自己这次微

服出宫得提前结束了，可是他还没玩够呢，眼前的这好吃的冰冻果子干儿也才吃了几口，情急之下，他急忙兜起衣襟，把没吃完的冰冻果子干儿倒进了衣襟上，用衣服兜着跑回了皇宫。

同治的这件微服出宫吃冰冻果子干儿的逸事，立刻使果子干儿名声大振，卖果子干儿的商贩都以同治皇帝吃过此物来做宣传，人们顿时对这冰食产生了兴趣。由于同治皇帝喜吃果子干儿，这民间的甜食就被纳入了御膳房，经过华丽的变身后，成为了一道宫廷美食。